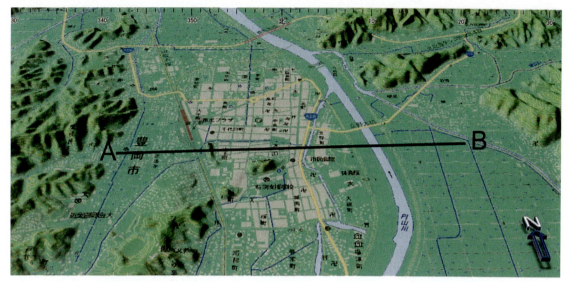
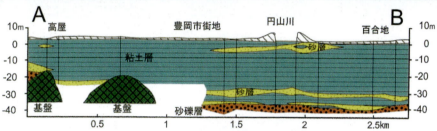

上：口絵1　豊岡市の鳥瞰図（南から北をみる）　下：口絵2　豊岡市の東西地質断面図（口絵1のA－B）

口絵3　豊岡市中心部の空中写真（1976年　国土地理院）

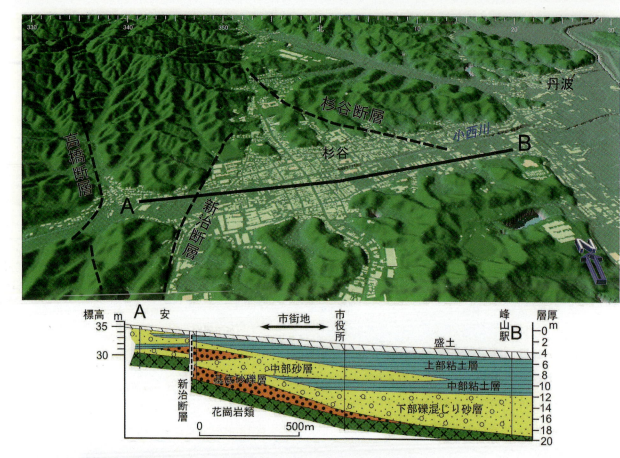

上：口絵4　峰山町の鳥瞰図（南から北をみる）　下：口絵5　峰山町の東西地質断面図（口絵4のA－B）

口絵6　峰山町中心部の空中写真（2008年　京丹後市）

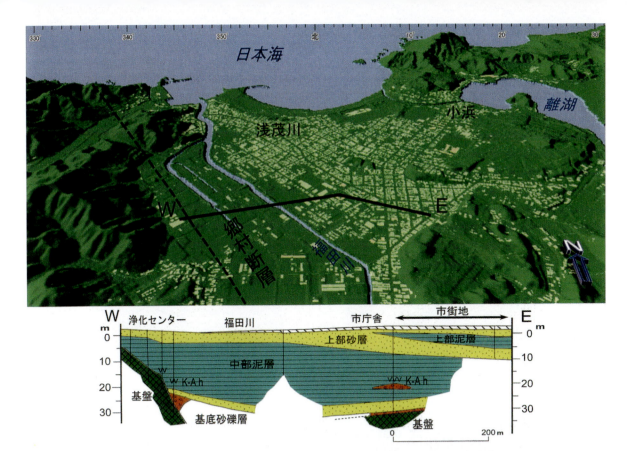

上：口絵7　網野町の鳥瞰図（南から北をみる）　下：口絵8　網野町の東西地質断面図（口絵7のW－E）

口絵9　網野町中心部の空中写真（2008年　京丹後市）

口絵10 台湾1935年震災復興ポスター 左:台中州,右:新竹州(両州の震災誌による)

口絵11 龍騰の鉄道断橋(魚藤坪,2012年2月)

口絵12 和風復興建築とボルト止め支柱
(后里,2012年2月)

口絵13 始政40周年記念台湾博覧会絵はがき

口絵14　サンタバーバラの復興景観（2008年2月）

口絵15　ネーピアの復興景観（2004年2月）

口絵16　ヘイスティングスの復興景観　（2010年8月）
　　　左：ヘレタウンガ通，右：ホークスベイオペラハウス

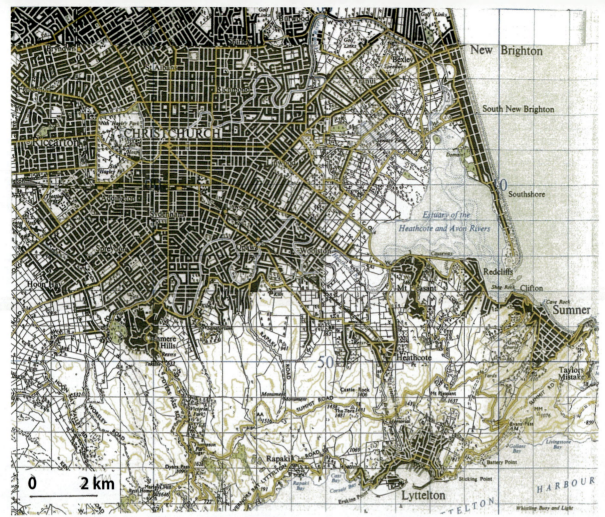

口絵17　クライストチャーチの地形図（1957年　Land and Survey NZ）

口絵18　クライストチャーチ中心部の空中写真（1990年頃 Livingstone による）
①大聖堂と広場　②グランドチャンセラーホテル　③フォーシーズ・バールビル　④PG ビル

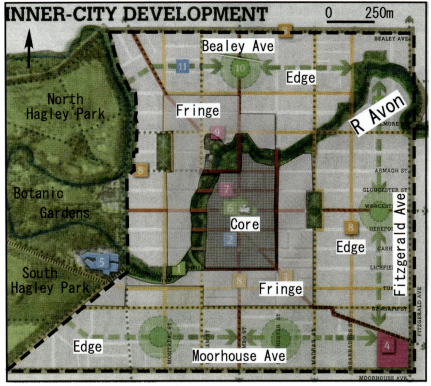

口絵19　クライストチャーチ市による復興原案
（2011年8月　The Press Christchurch より編集）

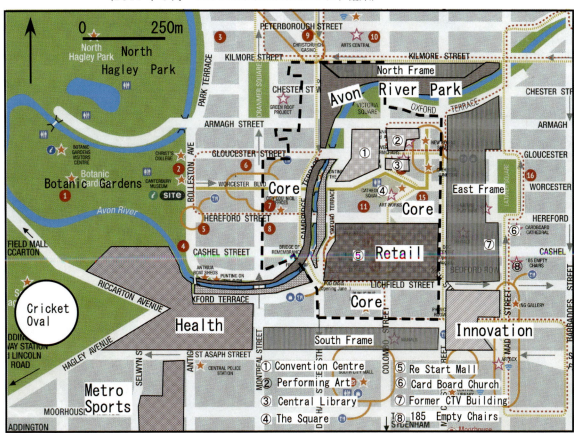

口絵20　クライストチャーチの修正復興プラン
（2012年7月　Christchurch Central Recovery Plan より編集）

環太平洋地域の地震災害と復興
―比較地震災害論―

植村善博著

古今書院

目　次

口絵

口絵 1　豊岡市の鳥瞰図

口絵 2　豊岡市の東西地質断面図

口絵 3　豊岡市中心部の空中写真（1976 年　国土地理院）

口絵 4　峰山町の鳥瞰図

口絵 5　峰山町の東西地質断面図

口絵 6　峰山町中心部の空中写真（2008 年　京丹後市）

口絵 7　網野町の鳥瞰図

口絵 8　網野町の東西地質断面図

口絵 9　網野町中心部の空中写真（2008 年　京丹後市）

口絵 10　台湾 1935 年震災復興ポスター　左：台中州，右：新竹州

口絵 11　龍騰の鉄道断橋（魚藤坪 2012 年 2 月）

口絵 12　和風復興建築とボルト止め支柱（后里 2012 年 2 月）

口絵 13　始政 40 周年記念台湾博覧会絵はがき

口絵 14　サンタバーバラの復興景観（2008 年 2 月）

口絵 15　ネーピアの復興景観（2004 年 2 月）

口絵 16　ヘイスティングスの復興景観　左：ヘレタウンガ通，右：ホークスベイオペラハウス（2010 年 8 月）

口絵 17　クライストチャーチの地形図（1957 年　Land and Survey NZ）

口絵 18　クライストチャーチ中心部の空中写真（1990 年頃, Livingstone による）

口絵 19　クライストチャーチ市による復興原案（The Press Christchurch, 2011 年 8 月 12 日より編集）

口絵 20　クライストチャーチの修正復興プラン（2012 年 7 月 Christchurch Recovery Plan より編集）

序章	*1*
第 I 部　日本の地震災害と復興過程	*3*
第 1 章　1925 年北但馬地震と豊岡町	*5*
1-1　はじめに	*5*
1-2　豊岡町の地理・地形環境	*5*
1-3　被害と発生要因	*9*
1-4　豊岡町の復旧と復興過程	*11*
1-5　考察	*17*
1-6　結論	*21*

第 2 章　1927 年北丹後地震と京都府の対応　　　　　　　　　　　23
   2-1　北丹後地震の概要　　　　　　　　　　　　　　　　　　23
   2-2　北丹後地震による被害の実態　　　　　　　　　　　　24
   2-3　京都府の対応と復興策　　　　　　　　　　　　　　　　29
   2-4　結論　　　　　　　　　　　　　　　　　　　　　　　　34

第 3 章　1927 年北丹後地震と峰山町　　　　　　　　　　　　　35
   3-1　はじめに　　　　　　　　　　　　　　　　　　　　　　35
   3-2　峰山町の地理・地形環境　　　　　　　　　　　　　　35
   3-3　峰山市街地の被害状況　　　　　　　　　　　　　　　39
   3-4　復興計画と実施過程　　　　　　　　　　　　　　　　41
   3-5　考察　　　　　　　　　　　　　　　　　　　　　　　　48
   3-6　結論　　　　　　　　　　　　　　　　　　　　　　　　50

第 4 章　1927 年北丹後地震と網野町網野区　　　　　　　　　52
   4-1　はじめに　　　　　　　　　　　　　　　　　　　　　　52
   4-2　網野町の地理・地形環境　　　　　　　　　　　　　　52
   4-3　網野町および網野区の被害実態　　　　　　　　　　55
   4-4　網野町の緊急対応と復興計画　　　　　　　　　　　57
   4-5　網野区の対応と復興区画整理　　　　　　　　　　　61
   4-6　考察　　　　　　　　　　　　　　　　　　　　　　　　68
   4-7　結論　　　　　　　　　　　　　　　　　　　　　　　　70

第 Ⅱ 部　台湾の地震災害と復興　　　　　　　　　　　　　　　71

第 5 章　1935 年新竹―台中地震の被害と発生要因　　　　　73
   5-1　はじめに　　　　　　　　　　　　　　　　　　　　　　73
   5-2　新竹―台中地震の特徴と被害　　　　　　　　　　　73
   5-3　建物被害と発生要因　　　　　　　　　　　　　　　　76
   5-4　後龍渓中下流部の地形と被害　　　　　　　　　　　81
   5-5　考察　　　　　　　　　　　　　　　　　　　　　　　　83
   5-6　結論　　　　　　　　　　　　　　　　　　　　　　　　84

第 6 章　1935 年震災における台湾総督府の対応と復興計画　86
   6-1　はじめに　　　　　　　　　　　　　　　　　　　　　　86
   6-2　新竹州内海知事の地震体験　　　　　　　　　　　　86
   6-3　台湾総督府の対応　　　　　　　　　　　　　　　　　87
   6-4　考察　　　　　　　　　　　　　　　　　　　　　　　　96

6-5	結論	99

第7章　1999年集集地震による被害と復興　　100

7-1	はじめに	100
7-2	台湾の自然災害	100
7-3	台中盆地の地形	101
7-4	地表地震断層と建物被害	103
7-5	台中市における建物・高層住宅の被害と地形条件	107
7-6	活断層法と地震博物館	110
7-7	結論	112

第Ⅲ部　アメリカ・ニュージーランドの地震災害と復興過程　　113

第8章　1925年サンタバーバラ地震と復興過程　　115

8-1	はじめに	115
8-2	歴史・地形環境	116
8-3	1925年地震によるサンタバーバラの被害	119
8-4	緊急対応と復興事業	122
8-5	バーナード・ホフマンの貢献	126
8-6	考察	128
8-7	結論	130

第9章　1931年ホークスベイ地震によるネーピアの被害と復興　　132

9-1	はじめに	132
9-2	歴史・地形環境	133
9-3	1931年ホークベイ地震とネーピアの被害	136
9-4	復興過程	141
9-5	考察	147
9-6	結論	148

第10章　1931年ホークスベイ地震によるヘイスティングスの被害と復興　149

10-1	はじめに	149
10-2	歴史・地形環境	149
10-3	1931年ホークスベイ地震による被害	151
10-4	地震後の対応と復興過程	155
10-5	考察	162
10-6	結論	164

第IV部　クライストチャーチの地震災害と復興計画　　165

第11章　2010年ダフィールド地震による被害　　167
- 11-1　はじめに　　167
- 11-2　クライストチャーチ付近の活断層と地震　　167
- 11-3　9月4日ダフィールド地震と被害　　168
- 11-4　考察　　175
- 11-5　結論　　176

第12章　2011年クライストチャーチ地震の被害と発生要因　　177
- 12-1　はじめに　　177
- 12-2　2月22日クライストチャーチ地震の概要　　177
- 12-3　歴史・地形環境　　179
- 12-4　地震被害の概要　　181
- 12-5　建物被害と地形条件　　184
- 12-6　考察　　189
- 12-7　結論　　192

第13章　2011年震災におけるクライストチャーチの復興計画　　193
- 13-1　はじめに　　193
- 13-2　緊急対応　　193
- 13-3　国の復興支援計画　　195
- 13-3　復興計画案　　201
- 13-4　結論　　205

終章　　207
- 1.　地震被害と発生要因　　207
- 2.　復興過程　　208

参考文献　　211

あとがき　　220

索引　　224

Earthquake Disaster and Reconstruction of the Pacific Rim Region
— Comparative Study on the Earthquake Disaster —

Yoshihiro UEMURA
(Professor of Physical Geography, Bukkyo University, Kyoto)

Introduction / 1

I Earthquake Disaster and Reconstruction of Japan in the 1920-1930s
1. 1925 Kita-Tajima earthquake and Toyooka Town, Hyogo Prefecture / 5
2. 1927 Kita-Tango earthquake and response of Kyoto Prefectural authorities / 23
3. 1927 Kita-Tango earthquake and Mineyama Town, Kyoto Prefecture / 35
4. 1927 Kita-Tango earthquake and Amino Town, Kyoto Prefecture / 52

II Earthquake Disaster and Reconstruction of Taiwan
5. Architectural damage and its cause of 1935 Hsinchu-Taichung earthquake / 73
6. Response and reconstruction plan of the Taiwan government-general in 1935 earthquake / 86
7. Architectural damage and reconstruction of 1999 Chi-Chi earthquake / 100

III Earthquake Disaster and reconstruction of the United States and New Zealand
8. Architectural damage and reconstruction of 1925 Santa Barbara earthquake / 115
9. Earthquake damage and reconstruction of Napier in 1931 Hawke's Bay earthquake / 132
10. Earthquake damage and reconstruction of Hastings in 1931 Hawke's Bay earthquake / 149

IV Earthquake Disaster and Reconstructing Plan of Christchurch earthquake
11. Earthquake damage of 2010 Darfield earthquake / 167
12. Architectural damage and its cause of 2011 Christchurch earthquake / 177
13. Reconstructing plan of Christchurch earthquake / 193

Conclusion / 207

References / 211

Postscript / 220

Index / 224

序章

　21世紀は環境と自然災害の世紀である。これらに対して人類が英知を結集してどう対応し，いかに克服していくのか。文明の根幹にかかわる課題がわれわれに突きつけられているといえよう。

　本書は，自然災害の高いリスクをかかえる環太平洋地域で発生した直下型地震による被害と発生要因および復興過程の特色を，自然地理学と比較地理学の立場から明らかにしたものである。太平洋西縁では，1920〜30年代と1990〜2010年代に直下型地震による大規模震災が多発した。取り上げる地域は日本，台湾，カリフォルニアそしてニュージーランドの事例である。

　本研究は，ニュージーランド滞在中に訪れたネーピアの美しい街並みが1931年の地震による潰滅的被害からの復興事業によって新たに創り出されたことに感動したことに端緒をもつ。このホークスベイ地震の被害と復興過程の解明に2002年から取り組み，その後，連鎖発展的に地震災害の調査は環太平洋の全域に拡大した。震災と復興に関する研究を深めるにつれて，1）専門分野の縦割りの弊害を超える学際的な災害研究の必要性，2）地震発生から復興までの震災の全過程を総合的に明らかにする研究の重要性，3）復興計画と事業の今日的意義を明らかにし，災害経験や教訓がいかに活用されているかを検証することの必要性，4）歴史や風土，文化を異にする地域の震災過程を統一的視点から構成しなおし，グローバルな視点から災害文化の地域的特徴を明らかにすることの重要性，4つの課題を解決することが研究目的の中心となった。

　つぎに，研究方法について述べる。第1に，地震による建物被害の実態とその発生要因を究明する。その際，被害の地域的特色を出現させる自然的，社会的特質としての地震環境[1]を明らかにする。さらに，被害発生の要因を分析するにあたって被害現象のスケールを明確に把握し，スケールごとに主要因を考察するマルチスケール分析をおこなう[1]。

　第2に，緊急対応から復興へ至る過程の解明にあたり，地域の自然的，歴史的特質を把握し，被災地の緊急活動や復興の中心をになう住民や自治体など地域社会の特質，地域リーダーの役割に注目したい。さらに，政府による公的支援や法的枠ぐみの特徴，それらと地域住民との関わりを明らかにする。

　第3に，復興事業の計画と実施過程，その成果を歴史的背景と地域社会および価値観や伝統文化を反映したものとして評価する。

　第4に，グローバルな視点から震災の時間的・空間的位置づけ，および相互比較による地域ごとの災害文化の特色を明らかにしていく。

以上のような目的と方法を統合した研究を比較地震災害論とよびたい。このような視点に立つ地震災害研究は日本においてほとんど行われてこなかった。

　本書ではこの巨大地震帯において2時期に集中発生した地震災害をとり上げる。すなわち，1920～30年代における地震災害について但馬および丹後両地区から開始し，台湾植民地，カリフォルニア，ニュージーランドとほぼ太平洋を1周するように配列した。つぎに，1990～2010年代の地震災害として1999年台湾および2010・2011年クライストチャーチの地震災害を取り上げた。これらを　第Ⅰ部：日本の地震災害と復興過程，第Ⅱ部：台湾の地震災害と復興，第Ⅲ部：アメリカ・ニュージーランドの地震災害と復興過程，第Ⅳ部：クライストチャーチの地震災害と復興計画の順に配列した。

　本書製作の決意を促す2つの大きな契機があった。まず，2012年3月人文地理学会編集委員会から地震災害のレビューを依頼され，災害研究についての自分の履歴を再点検する機会を与えられたことによる[2]。第2に，2012年度から国立歴史民俗博物館の企画展示『歴史にみる震災』の共同研究に参加し，関東や東北の歴史や災害，建築の研究者と議論でき研究構想が固まったことである[3]。
　とくに，筆者をこの企画に招いてくださった北原糸子先生の助言と優れた著作との出会い[4]は大きな支えとなった。
このような貴重な導きの機会を与えられたことに感謝し，関係者の皆様に心からお礼申しあげたい。
　本書なるにあたり，困難な出版を引き受けてくださった古今書院橋本寿資社長のご好意と編集作業に渾身の努力と協力をいただいた関田伸雄氏に心からの感謝を捧げたい。
　本書は2015年度佛教大学出版助成を受けたものであることを記し，大学当局に感謝する。

注
1)『京都の地震環境』123 p，ナカニシヤ出版 1999年
2)「地震災害研究と自然地理学」人文地理，65巻第2号　2013年
3) 企画展示図録『歴史にみる震災』225p.　国立歴史民俗博物館　2013年
4) 北原糸子（2011）『関東大震災の社会史』370p.　朝日新聞出版

第Ⅰ部
日本の地震災害と
復興過程

震災切手（1923年）

第1章

1925年北但馬地震と豊岡町

1-1　はじめに

　1925（大正14）年5月23日午前11時10分，兵庫県北部円山川河口付近を震央とするマグニチュード6.8の北但馬地震が発生した。この直下型地震によって震央付近の港村や円山川低地に位置する豊岡・城崎両町などで死者428名，全壊・全焼家屋2,638戸など多大な被害が発生した（図1-1）。関東大震災から1年8ヵ月後に発生した北但馬地震について今村（1925）や谷口（1925）の調査報告がある。震災全体については兵庫県（1926），西村（1936），木村（1942）などが公刊されている。また，復旧復興に関して豊岡市（1987），伊藤（1987），越山・室崎（1998・1999），浅子（2014），復興建築について杉山（2004），松井他（2006）の報告がある。

　本章では但馬地域の中心都市であり壊滅的被害を受けた豊岡町を中心に地理・地形環境，地震被害の実態と発生要因，県および町の対応と復興過程の特徴を明らかにする。

1-2　豊岡町の地理・地形環境

1）地理

　豊岡町は円山川の中流部に位置し，山陰，出石，丹後，湯島（城崎）の各街道の要所および円山川水運の河港として古くから発展した。近世の豊岡は1668（寛文八）年，丹後田辺藩から転封された京極氏3.5万石の陣屋町となり，明治維新まで続いた。神武山北側に開かれた武家地と河畔の街道に沿う細長い町屋地区とから構成され，西部には低湿な水田が広がっていた。1909（明治42）年の山陰鉄道開通により五荘村高屋の水田中に豊岡駅が開業したことから，町屋地区と駅を結ぶ永井通が改修された。大正期は第一次大戦後の恐慌下，本町がインフラ整備を進め近代都市への転換をはかる時期にあたる。すなわち，上水道敷設と耕地整理事業の推進，1920（大正9）年帝国議会で承認された国営円山川改修事業や但丹（豊峰）鉄道建設が開始されるなど大土木事業時代であった。当時の町長由利三左衛門は豊岡町の将来の発展を予想し，大豊岡構想とよぶ大規模なインフラ整備を実現していった。1918（大正7）年の水害復旧事業を機に，1924（大正10）年12月には地主らを説得して豊岡町耕地整理組合（面積83町4反，組合員393名）を設立させ，本格的な都市計画事業の実施を軌道にのせている（豊

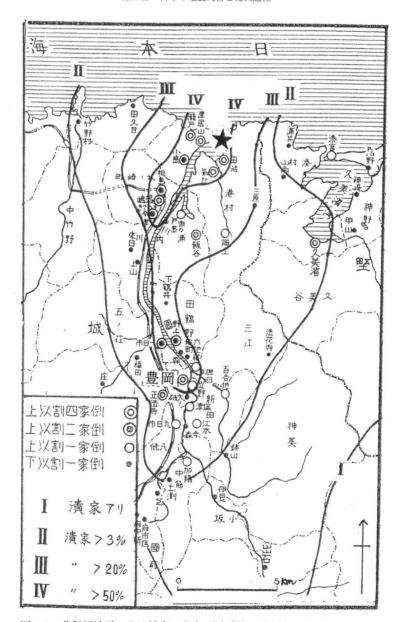

図 1-1 北但馬地震による被害の分布（地球第 4 巻付図に加筆）

岡町耕地整理組合事務所編 1933）。これは西部の低湿な水田を 3～5 尺埋め立て，駅前からのびる斜道路（寿通）と格子状道路の新設および区画整理を耕地整理法により実施するもので，地震時に主要道路は建設中であった（図 1-2）。1925 年（地震前）の本町は人口 11,097 人（2,275 戸）を擁し，但馬地方の行政，経済，商業，教育の中心として繁栄を誇った。職業構成は商業 53％，工業 30％，労働者他 9％，公務員 6％，農業 1％などで，商工業都市として強い経済力を有した（伊藤 1987）。とくに，藩の保護を受けた杞柳製品製造は重要な地場産業で，零細な家内工場と借家などに居留する多数の職工が存在しており，これらを問屋が

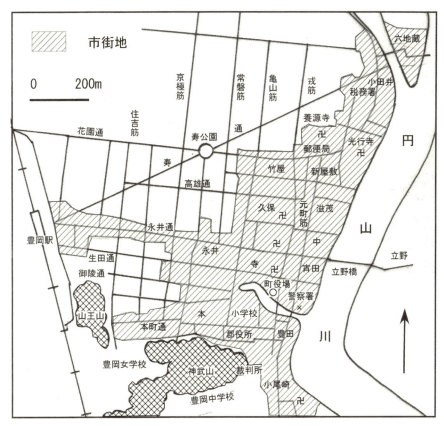

図 1-2　震災直前（1924 年頃）の豊岡町の市街地と道路（今村 1927 より編集）

支配する構造を有していた。
2）地形・地質
　豊岡町は円山川の谷底平野に位置し，山地と低地とが入り組む沈降性の地形によって特徴づけられ，段丘はほとんどみられない。河口から上流約 12km の豊岡町の地盤高は 2～4m にすぎず，極めて低平かつ緩勾配である。図 1-3 の地形分類図によると，後背湿地が広範囲に分布し，旧河道や自然堤防などが複雑な分布を示す。旧市街地は円山川左岸自然堤防の盛土地に位置して南北に延びている。南部の神武山（高度 50m）や山土山（高度 27m）は南方からのびる山稜の末端部にあたる。円山川改修事業（大正 9～昭和 11 年）により塩津－立野間の蛇行流路などが平均幅 300m の直線状人工流路に付け替えられた。このため，小田井や中州上の六地蔵は移転，右岸の立野は新旧両流路間の中ノ島に位置するようになってしまった。地下の沖積層は谷川（2009）により層序の概略が明らかにされている。図 1-4 は豊岡町中心部の東西地質断面を示す[1]。西部の基盤岩を除くと，地下 −40m 付近に上面をもつ N 値 50 以上のしまった沖積基底砂礫層が下部に分布，その上位には粘土を主体とする厚さ約 40 m の沖積層が堆積している。これは N 値 2～5 程度の貝殻片を多数含む軟弱なシルト質粘土（中部

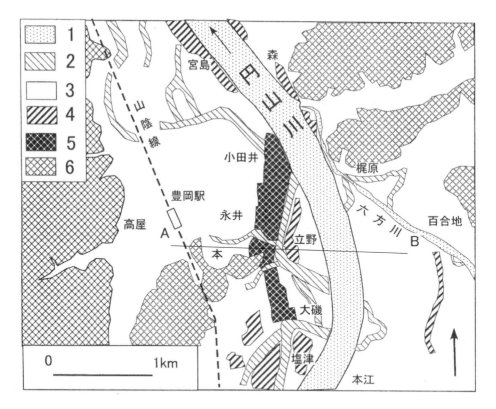

図1-3 豊岡市周辺低地の地形分類図（空中写真と地形図の判読により作成）
1：現流路，2：旧河道・改修前の流路，3：後背湿地，4：自然堤防，5：盛土地，
6：丘陵・山地

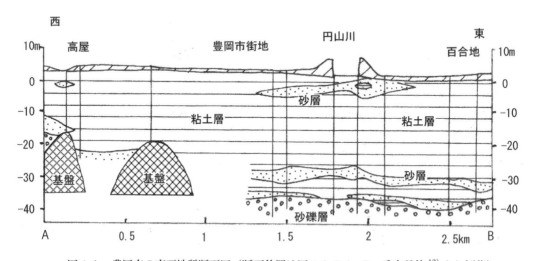

図1-4 豊岡市の東西地質断面図（断面位置は図1-3のA—B，兵庫県他[13]より編集）

泥層）を主体とし，上部では暗褐灰色有機質シルトになる。粘土層は干潟性，上部はラグーン性堆積物である。下部と上部にうすい河成の砂層をはさむ。なお，西部の埋没した基盤岩は−20m付近に上面をもち，山王山や神武山などの地下

表1-1　豊岡町14区の被害状況（『乙丑震災誌』より作成）

区	人口	死者	重傷者	死亡率%	戸数	全焼	全壊	半壊	全焼率	全壊率	被害率%
京口	731	2	4	0.3	146	0	6	18	0	4.1	10.3
新	754	5	5	0.7	152	0	11	43	0	7.2	21.4
小尾崎	477	3	2	0.6	92	0	17	27	0	18.5	33.2
豊田	557	1	0	0.2	301	0	22	1	0	7.3	7.5
本	1,050	3	5	0.3	99	0	3	51	0	3	28.8
宵田	412	0	0	0	73	73			100		
寺	782	7	3	0.9	136	133			97.8		
永井	1,721	30	48	1.7	392	178	120	18	45.4	30.6	32.9
中	399	0	0	0	72	72			100		
久保	421	2	1	0.5	80	80			100		
滋茂	863	2	5	0.2	155	155			100		
新屋敷	1,247	17	37	1.4	312	272	26	10	87.2	8.3	10.1
竹屋	392	8	10	2.0	72	72			100		
小田井	1291	7	8	0.5	193	0	52	66	0	26.9	44
総計	11,097	87	128	0.7	2,275	1,035	257	234	48.7	13.2	18.6

延長部にあたる。

1-3　被害と発生要因

1）地震被害

　本地震による倒壊率は震央に近い港村で4割以上に達し，城崎町や田鶴野村，五荘村では2割～4割となっている。倒壊率等値線は円山川河谷を上流へV字状に入り込み山地で急減することから，被害は低地の厚い軟弱沖積層により震動が増幅されたことを示す（図1-1）。

　豊岡町の区ごと被害状況を表1-1に示す。全壊の257件（全壊率13%）に対して，全焼1035件（全焼率49%）と火災による被害が圧倒的に大きかった。建物の傾斜や倒壊の方向，墓石の落下などから東西の水平動が卓越したと推定される。豊岡駅や甲子銀行は全壊，町役場や警察署，税務署，豊岡小学校講堂は大破した。東西の永井通（駅通）に面した2階建商店の大部分は，1階が座屈して2階部が落ち込む壊滅的被害を受けた（写真1-1）。全壊率は小田井27%，永井31%，豊田7%，本3%，小尾崎19%，新7%であり，焼失した中心部の状況は不明である。しかし，自然堤防上の盛土地に位置する中心部は同条件の豊田や小尾崎と類似し，倒壊率は10～20%程度と推定する。つぎに，全壊と半壊を指標とする被害率[2]の分布を図1-5に示す。小田井44%，永井33%，本29%，豊田8%，小尾崎33%，新21%であり，豊田以外の被害指数は30～40とよくそろう。全壊率の低い本，小尾崎，新では半壊が3～5割を占めており，旧河道の小田井や埋立地の永井より揺れが小さいことを示す。以上から，豊岡市街地の震度はⅥ弱であり，小田井と永井では震度Ⅵ強に達したと推定される。

写真1-1　駅前通の木造家屋の倒壊（震災絵はがきによる）

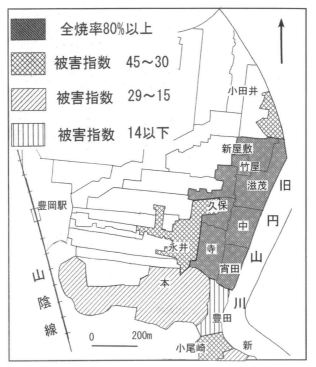

図1-5　豊岡町の被害指数（率）の分布（『乙丑震災誌』により作成，区域は住居表示施行前）

2）火災

　発震が昼食準備時間帯のため火災が多発，豊岡町での全焼数は城崎町の548戸とともに深刻な被害を生じた（写真1-2）。豊岡町公会堂，豊岡郵便局，但馬貯蓄銀行，新栄銀行，兵庫農工銀行，五十五銀行，豊岡信用組合などが焼失した。豊岡町では6ヵ所から出火したといわれ，直後に出火した駅前と永井の有楽館

写真1-2　炎上する豊岡町（5月23日午後3時，北から南をみる『但馬丹後震災画報』による）

付近は五荘村および豊岡町消防組の活動により消し止められた。しかし12時半頃（14時ともいう）の竹屋町豊岡郵便局付近からの火事は北風にあおられ，元町筋と寺町筋を南方へ延焼，17時頃出火の宵田町のものと一体となり戸牧川(とべら)までを焼き尽くし，翌朝午前4時頃鎮火した。宵田橋以南と光行寺以北の小田井地区が焼け残ったが，竹屋，滋茂，久保，中，宵田は100％，寺98％，新屋敷87％の焼失率で中心市街地は焦土と化した。一方，人身被害は死者87名，重傷者128名で死亡率は0.7％である。とくに，火元付近の竹屋および新屋敷で死者・重傷者が多く，永井では倒壊が多発したため死者30名，重傷者48名の最多数を記録した（表1-1）。

1-4　豊岡町の復旧と復興過程

　県や町の緊急対応と復旧・復興について兵庫県（1926），西村（1936），木村（1942）および『伊地智家文書』[3)]などにより述べていく。表1-2に豊岡町の地震発生から復興にいたる過程を整理した。

1) 県の対応と復旧

　発震約3時間後の午後2時，県庁に救援本部，豊岡に支部，城崎と姫路に出張所が設置され，約200人の県職員を動員した。これらは7月中に撤収される。深夜23時頃福知山の十六師団，翌日には鳥取と姫路から陸軍第十師団の歩兵隊が到着し，警備，救護と医療，交通整理などに従事した。岡山の工兵隊は道路・橋梁・水道・電話の復旧作業にあたっている。海軍は舞鶴から春日と榎の2艦を派遣した。警察や憲兵隊も警備と救助，防疫などに従事している。豊岡中学校の教員と学生，鳥取高等農業学校の学生らが消火や救出，避難者調査などに従事

表 1-2 北但馬震災の豊岡町関係年表

年	月日	事項
大正10年	7月12日	豊岡町耕地整理組合が認可(組合員393名,面積83町4反)
	12月16日	耕地整理組合の工事着工,昭和5年8月31日に完了,全部竣工は昭和7年7月14日
大正11年	5月11日	豊岡町上水道の竣工式を神武山で挙行
大正14年 1925	5月23日	午前11時10分 M6.8の北但馬地震発生,震央は円山川河口沖で港村や城崎町が潰滅的被害 午後2時兵庫県庁に救援本部設置,豊岡に支部,城崎・姫路に出張所を開設
	5月24日	第十師団三九連隊と救護班,工兵隊などが豊岡に到着 午前中飛行機による空中視察および宣伝ビラの撒布 午前10時県庁にて震災救援協議会を開き,義捐金品の募集を決める
	5月26日	午前9時25分黒田侍従が神戸到着,県庁にて聖旨および御救恤金3.5万円下賜を伝達 午後3時45分侍従や知事ら豊岡着,救援支部,中学校,城崎町,港村を慰問
	5月29日	町議会で県道改良計画などを承認(幅3間内外を6および8間に拡幅)
	5月30日	震災救援支部事務取扱規程を定める
	5月31日	県と被災町村長による震災復興協議会が豊岡小学校で開かれる
	6月1日	豊岡小学校が神武山で授業再開
	6月2日	豊岡町が臨時復興部を設置
	6月3日	県参事会を招集,救護費や応急土木修繕費の追加予算を承認
	6月4日	復興部第1回各課連合会を豊岡小学校で開催
	6月10日	バラック住宅が13カ所に58棟589戸分完成
	7月3日	豊岡小学校において震災横死者の町葬を執行
	7月5日	豊岡町の測量図が完成,城崎町は7月3日に完成
	7月9日	大阪朝日・大阪毎日両新聞の義捐金が252,377円に達する
	7月11日	豊岡町復興区画整理組合の定款を定める
	9月19日	義捐金21.2万円を配分,12月7日には39.1万円を配分
	9月16日	平塚知事が東京府へ転任,山縣治郎が知事に着任
	10月5日	臨時県会で復興諸費230万余円の追加予算を承認,豊岡町への貸付金は51.3万円
大正15年 1926	3月16日	公営住宅設置・管理の件(5万円)を町議会で承認,6月10日にも同件(6万円)を承認
	4月15日	義捐金の合計が2,369,018円に達する
	6月	大開通新川畔に公設市場を開設(1928年11月に閉鎖)
	6月15日	豊岡町住宅組合を設立,約330名が住宅再建貸与資金を受ける
	9月1日	町営製材所が稼働を始める(1927年11月閉鎖)
昭和2年 1927	1月	警察署がシビックセンターに竣工(宵田町から移転)
	5月8日	豊岡小学校の講堂が落成
	8月	豊岡郵便局がシビックセンターに竣工(小田井より移転)
昭和3年	1月24日	豊岡町役場および消防組合事務所,警鐘台がシビックセンターに竣工
昭和4年	3月30日	税務署がシビックセンターに竣工(小田井より移転)
昭和7年	7月17日	耕地整理記念碑の除幕式を寿公園にて挙行

し,朝鮮人労働者も猛火の中で果敢に人命救出などをおこない被災者から感謝されたことが特記される。大正15年に知事表彰を受けた震災功労者に6名の朝鮮人が含まれている(金2001)。

翌24日午前中に県は飛行機による偵察と「罹災各位」と題するビラ約五千枚

写真 1-3　地震直後の豊岡小学校校庭の避難状況（右に町役場，手前の黒い帯は戸牧川，『但馬丹後震災画報』による）

を空中散布した（兵庫県 1926）。目的は被災者の安心と治安維持をはかることであった。豊岡小学校庭には避難者はもちろん，県と郡の救援本部や豊岡町仮役場，軍の連絡所などが置かれ，救援体制の中心基地となる（写真1-3）。被災を免れた鉄筋コンクリート 3 階建校舎が会議や連絡の基地として利用できた点は大きい。27 日平塚廣義知事は天皇からの下賜金（3.5 万円）と黒田侍従の慰問を受けて震災の告諭を発し，内務部長，土木課長，営繕課長らとともに同校長室に陣取り，現地指揮にあたったという（写真 1-4）。県首脳部が現地において直接対応，情報を収集し，これらを基礎に復興計画を立案した。鉄道は被害が軽微で，23 日 20 時までに全線が復旧した。電気は帝国電灯の努力により市街地は当日 20 時に点灯，26 日中に町全域に電気が復旧している（兵庫県 1926）。市街地の瓦礫撤去には円山川改修工区事務所のトロッコやレールを借用，約 200 人の工夫を動員し，消防組や青年団と協力して作業にあたった。搬出瓦礫は円山川河岸，戸牧川と和久田池，小尾崎堀，その他低湿地などに投棄されている。被災者らは小・中学校庭や寿通などの計画道路上に避難，翌 6 月 10 日までに 13 カ所（4,334 坪）に 62 棟 589 戸の県営バラック住宅（1 棟平均 10 戸）が建設され，そこへ収容されている。その 1 年後の大正 15 年 6 月 1 日には 16 棟の町営住宅が設置され，さらに 34 件の住宅組合を組織し政府の低利融資により個人住宅の再建が進んでいった[3]。

写真 1-4　平塚廣義知事（兵庫県政資料館による）

2）復興計画

24 日県庁で義捐金品募集を決定，30 日には救援支部事務取扱規程を定め，地震 8 日後の 31 日には知事が被災町村長を豊岡小学校に招集して震災復興協議会を開いた。ここで救護事務の統一，建築基準法による本建築の制限，道路の拡幅・新設計画などを打ち合わせた。6 月 3 日の県参事会において罹災救助基金 16.4 万円や道路など修繕費を含めて合計 173,905 円の追加予算を承認した（豊岡市

写真1-5　伊地智三郎右衛門町長
（『兵庫県会史』による）

史編集委員会編 1987）。県による救援および復興への取り組みは迅速になされている。

つぎに，豊岡町の動きを追ってみよう。発震6日後の29日の町議会で，県道の6〜8間拡幅と道路潰地は町，移転費用は県負担とする県の道路改良案が可決された。6月2日に地元有力者，役場吏員や教員らを嘱託，知事を顧問として7課からなる臨時復興部を設置，4日には豊岡小学校で第1回の連合会を開いて復興部規程を定めている。

町長伊地智三郎右衛門は挙町一致および道路整備と区画整理による復興を掲げた（写真1-5）。既存の豊岡町耕地整理組合の道路計画を拡大させ，区画整理により市街地を抜本的に改良する復興計画を立てた。7月5日には県による1200分の1測量図が完成。7月11日に豊岡町復興区画整理組合の定款を定めた[3]。本組合は町長を組合長とし，市街地復興のため土地の無償提供，交換と分合，区画の変更と再配置をおこなうことを目的とする。経費は町費から支出し，役場内に工事，会計，庶務三係をおく。町内14区に数名の評議員を任命し，計画の説明と実施協力に当たらせようとするものであった。伊地智町長のなみなみならぬ決断と実行力が反映している。しかし，一部の地主や寺院は所有地の1割減歩，土地の交換・分合に強硬な反対姿勢をとり，区画整理組合の設立は断念を余儀なくされた。このため，町会で5名の土木委員を選び，道路の両側各1間を無償提供，その他は町が買収する方針で数百人の地主と個別交渉することに変更された（豊岡市史編集委員会編 1987）。

3）義捐金と復興予算

県や郡，新聞社などに寄せられた義捐金総額は 2,269,017 円（大正15年4月15日）という莫大な金額に達し，前後4回にわたって被災者に配分されている。まず，7月9日に 252,376 円，10月10日には食料，衣服・寝具，救療費として 168,220 円が被災者に支給された。また，町村への義捐金配分は総額 1,337,019 円で，県は3分の1以上を罹災者に，残りを町村事業費に充当するよう指示している。9月19日の分配では本町に 212,007 円が支給され，70,669 円を個人に分配，残り 67％ を公的事業に利用した。しかし，9月末には町民間に罹災民会および復興同盟会が組織され，義捐金配分額や復興計画をめぐって要求・反対運動をおこなったため町と対立するようになる（木村 1942，伊藤 1987）。両会は個人配分の増額を要求した。前者は低所得層の支持を受けて公共事業不要の態度をとり，労働運動団体と連携した反対運動をおこなった（豊岡市史編集委員会編 1987）。4回目は12月7日に 391,346 円が支給され，41％ にあたる 159,616 円が個人分配に，59％ が公設住宅建設などの公共事業に充てられた。個人配分比が3回目より8％ 増えたのは両会による運動の成果とい

写真 1-6　大開通（駅前通）の拡幅および歩道とプラタナスの街路樹（亀山筋付近から西方をみる，昭和初期の絵はがきによる）

えよう。

　つぎに，県の復興予算についてみてみる。10月5日開催の臨時県会で新たに就任した山縣治郎知事が予算説明をおこない，復旧土木費 335,800 円，町村貸付金 1,326,777 円，住宅組合貸付金 948,900 円の総額 2,611,477 円を起債とすることに決した（兵庫県会事務局編 1953）。一方，政府の融資総額は 3,750,077 円で，町村への無利息貸付金は 1,397,177 円，個人用低利貸付金が 2,392,900 円となった。つぎに，豊岡町の復興公共事業費は 108.6 万円で内訳は土木費 41 万円の他，シビックセンター 9.9 万円，役場建設費 9.2 万円，事業復旧費 16.5 万円，公営住宅費 15 万円などとなっている。

4）復興計画の実施

　豊岡町において実施された多様な復興事業に注目してみよう。

　①県道拡幅

　県の主導により元町筋の延長 968m を幅 3 間から 6 間に，大開通（永井通）の延長 931m を幅 2〜4 間から 8 間に拡幅した。後者は中央 5 間を車馬道とし，両側に 1.5 間幅で街路樹を備えた歩道を設定している。当時の地方都市としては画期的な広幅道路であり，プラタナスの街路樹は町の美観として賞賛されるまでになった（写真 1-6）。しかし，昭和 44 年にアーケード設置のため完全伐採されてしまった。

　②町道拡幅

　町道の新設および既存町道を 3〜6 間に拡幅する計画である。総延長は 2,774 間（4,993m）に達する。この計画実施に要する 277,748 円は全て起債によるものとし，地主は道路間口 1 割を無償提供，残りは町が買収することにした。しかし，復興建設ブームによる地価高騰により費用は膨大となり，町財政を圧迫する結果となった。また，数カ所に公衆便所を付設している点も注目される。

　③区画整理事業と町区改正

　焦土と化した中心市街地に区画整理と町区改正を実施，道路の新設と拡幅をセットにして抜本的改良を実施しようとする計画である。町は県の同意のもとに，

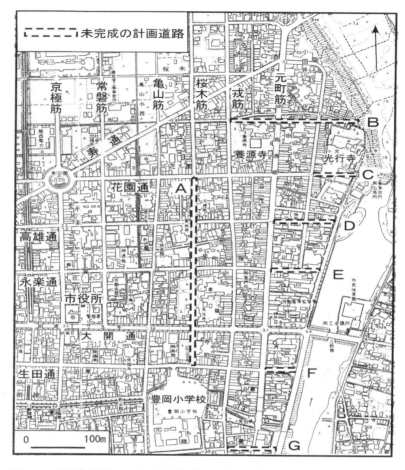

図1-6 豊岡中心部における未実施（A－G）の計画道路（原図は昭和41年豊岡町図，豊岡町復興計画図[3]により編集）

地主層を構成員とした豊岡町復興区画整理組合の設立をめざした。しかし，一部地主らの強い反対により実現できず，個別交渉により事業を進める方法に変更された。このため，図1-6に示す7路線で道路計画が不可能になり区画整理は実施できなかった。最大の未実施路線は戎筋と亀山筋間の南北約430m（A，花園通－生田通間）で，元町筋と円山川河岸との間でも6路線（B～G）約700m分が着工できなかった。このため，狭い道路や不規則な区画が広く残る不完全な区画整理となってしまった。ここには広い敷地を有する寺院群が存在し計画に協力しなかったと推定される。

④防火建築の奨励

火災による深刻な被害を教訓に県は耐火建築の奨励をおこなった。すなわち，外壁と屋根を耐火構造とする鉄筋コンクリート建築を新築する場合，坪当たり50円を義援金から補助することとした（兵庫県1926）補助金を受けると木造家屋の建設費とほぼ同額となるものであり，防火対策に積極的に取り組んでいる。大正15年度内に48件（1,694坪）の申請があり，多くは大開通と元町筋に新

築された。2005年に43件の存在が確認できたという（松井他2006）。これらは昭和初期の建築様式とユニークなデザインをもつ個性的建築物が多い（写真1-7）。

⑤地区制とシビックセンターの設置

都市計画法に準じて土地利用のゾーニングを実行した。大開通や元町筋は商業地，生田通以南は住宅地，花園通以北は工場地域，市街地内に点在していた遊郭や料理屋を河岸の円山町に集めて紅区とした。とくに，各地に分散していた公的機関を大開通に面する1ブロック（115m×75m, 8625m^2）に集めてシビックセンターを完成させたことは特筆されよう。ここには，警察署（1927年6月竣工），郵便局（同年8月竣工），町役場および消防事務所（1928年1月竣工），税務署（1929年3月竣工）が建設された（西村1932）。役場を中心に四隅に鉄筋コンクリート建築物（消防事務所を除く）

写真1-7　大開通の復興建築物（上）谷山商店（中央部）他，（下）リモージュ（中央部）他（2013年5月撮影）

を配置し，緑地で区画したゆとりある公共空間を実現している[4]。このプランは県内務部営繕課長を経験した置塩章による欧米都市計画考案を基に設定されたものといわれる。鉄筋コンクリート2階建の役場建築は原科設計事務所の設計でルネサンス風の堂々たる外観をもち，本町復興のシンボルといえよう（写真1-8上）。

⑥公設市場の開設

当初，6月18日に永井区中但病院前で16名の商人によって開業した。翌年6月には大開通北側新川畔に新市場が開設され，2年半後の1928年11月には約4万円の損失をだして閉鎖された。現在，同地の南側にふれあい市場とあおぞら市が営業しており市民生活の中心になっている。

⑦町営製材所の運営

これは建設ブームによる材木の値上がりが懸念されたため，木材の安定供給を目的に町が直営したものである。資材を島根県日原村営林局の元製材所から無償提供を受けたために開業が遅れ，大正15（1926）年9月1日，山王山下の駅貨物ヤード近くに開業した。しかし，安価な外材の流入などにより十分に機能せず，1年後の1927年11月に赤字を出して閉鎖された。

写真1-8　豊岡町役場の変遷　(上)1927年の新築時(『豊岡復興誌』による)，
(中) 1960年頃のシビックセンター全景(『空から見た但馬』による)
(下) 2012年の市役所 (2012年10月撮影)

1-5 考察

1) 豊岡町の被害と発生要因

　本地震による豊岡町の震度はⅥであり，東西の水平動が卓越した。自然堤防盛土上の市街地では全壊率10〜20％前後，被害指数は20〜40程度であった。全壊率は埋立地や旧河道で30〜40％と大きく，地形に対応した表層地盤の影響が明瞭である。豊田と本での軽い被害は地下浅部に基盤岩が埋没しており，揺れの増幅が小さかったのであろう。火災により竹屋，新屋敷，久保，滋茂，中，宵田の中心市街地部が焼失し，商業と杞柳製造業の経済的打撃は大きかった。火元付近では逃げ遅れて死亡，重傷を負った人が多く，埋立地の永井では倒壊よる人身被害が多発した。

2) 緊急対応

　県の対応と組織は迅速に立ち上げられた。県救援支部が豊岡小学校に置かれ，情報収集と現地指揮の中心となった。翌日のビラ空中散布は民心の安定と治安維持を主目的としたもので，朝鮮人らに対する暴行・殺傷が多発した関東大震災の教訓から円山川改修工事に従事する数百人の朝鮮人工夫らの存在を考慮したものといえる。一方，人命救助や家財搬出，焼跡整理に朝鮮人の勇敢な活躍は感謝され，1926年県知事表彰を受けた朝鮮人らをはじめ彼らの大きな貢献を忘れてはならない。復旧復興計画の立案と実施に当たり知事ら県幹部が直接現地で指揮をとったことから，方針と実施要領が迅速かつ適切に町村に徹底されたと評価できる。とくに，県道の拡幅をすばやく指示，豊岡町会では1週間後の29日にこれを決議して町復興計画の第一段階を作った。これは帝都復興における道路と区画整理による復興事業に学んだ結果といえよう。

3) 豊岡町の復興計画と区画整理

　伊地智町長は壊滅した市街地の復興に対して挙町一致と区画整理実施の方針を採った。これは由利前町長が進めてきた大豊岡計画の延長として復興事業を位置づけ，区画整理による市街地の根本的改善を目ざすものだった。

①道路拡幅と区画整理

　駅通の大開通は8間（約14m）に拡幅，歩道と並木を備え景観的にも優れた大通が実現した。公共機関を集めたシビックセンターも大開通に面して設置されたため，元町筋付近にあった行政，経済，商業機能がここへ移動することになり，町の中心軸が南北の元町筋から東西の大開通へ転換する契機となった。町道の拡幅と新設は耕地整理組合の計画を市街地に拡大し，区画整理とセットで進める方針がとられた。この実施組織となる復興区画整理組合は一部地主らの反対で実現できず，一体的な区画整理は不可能になってしまった。このため，計画道路7路線，総延長約1,130m分が未実施となり，不規則な旧状を残す部分が中心部に残存する結果になった。地主らが強く反対した理由は道路用地の無償提供と買収地の評

②耐火建築の推奨

　火災被害を重視した県が耐火構造の鉄筋コンクリート建築を推奨するため補助金制度を採用したことは評価できる。本町では48件の申請があり，昭和初期のデザインなどを反映したユニークな建物が現存している。これらは文化遺産として積極的な維持・保存活動が必要である。さらに，その価値を評価，活用してまちの活性化に利用する施策も必要となる。

③シビックセンターとその変貌

　大開通の1ブロックに市民サービスを円滑化するシビックセンターを実現したことは画期的であり，わが国唯一の震災復興による事例である。県営繕課置塩章による欧米都市の計画案をもとに緑地などを設置し優れた設計図を作成した[4]。震災復興のシンボルである鉄筋コンクリート2階建の町役場は1952年に3階部分を増築しデザインも変更，その後樹木や緑地は縮小され，駐車場や庁舎増築に転用されていく。現在，警察署と消防事務所は取り壊され，郵便局と税務署は敷地の狭さから再移転しており，市庁舎以外の機能は全て周辺地区へ再分散してしまっている。2013年8月に新市庁舎が完成，旧役場は保存のため南側へ移動させられた。時代とともにシビックセンターの景観と機能は大きな変化を余儀なくされたといえよう。

4）地域リーダー

　平塚廣義知事は救援から復興に至る過程に中心的に関わり，迅速な救援や対処を実行，町村を掌握して県の復興計画を指導，復興予算の獲得にも寄与して復興実現への道筋をつけた。これには平塚の決断力と卓抜した指導力が発揮されている。彼は復興予算を審議する臨時県会約1月前の1925年9月16日に東京府知事に転出した。その後任となった山縣治郎知事は平塚の方針を踏襲，実行していく。当時，東京府は帝都復興事業の最盛期を迎えており，府の責任者として平塚はこの事業にも関わることになった。その後，1932年に台湾総督府総務長官に転じたが，1935年台湾中部で発生した新竹－台中大震災に再び遭遇することになる。

　伊地智三郎右衛門町長は由利前町長に請われて1918年豊岡町助役につき，大豊岡計画の推進に二人三脚と称せられるほどの尽力をした。由利の病死後1924年12月に町長就任，その半年後に本地震に遭遇している。彼は道路の拡幅と新設，区画整理を中心とした復興土木事業を推進した。

　伊地智は由利とともに地方利益の導入と公共土木事業の推進のために当時の政権党であった政友会に属した。これは円山川改修，丹但鉄道，豊岡町耕地整理事業などの実現に大きく寄与した。しかし，復興の完成段階にあった1930年には，民政党の高橋守雄県知事が政友会系首長の失脚を露骨に画策した。1930年1月に県職員らを町役場に乗り込ませ，義援金の使途を調査させた。このため，伊地智は3月10日に町長を辞任，4月20日義援金着服の容疑で検事局に召喚され

る事態になった。しかし，10月23日の公判において県知事らのでっち上げが判明し無罪が確定するが，81日間の獄舎生活を送ることになった（豊岡市教育委員会編1969）。また，5月6日三宅助役も辞任したため，県地方事務官の安井庄司が町長職務管掌を昭和5年11月まで務めるという混乱も生じた。これは豊岡疑獄事件と呼ばれ，政友会と民政党の醜悪な抗争の一幕であった。その後，伊地智は豊岡町耕地整理組合長として1930年11月工事完了届を進達，1932年7月17日寿通のロータリー（寿公園）において耕地整理記念碑の除幕式を盛大に挙行している（豊岡町耕地整理組合事務所編1933）。1933年7月4日には耕地整理組合の解散届を知事に提出した。1943年5月17日に73歳の波乱の生涯を閉じ，同市祥雲寺の萬休寺墓地に眠っている。

1-6 結論

1) 北但馬地震では豊岡町は震度Ⅵ，全壊率は約13%，被害率は19％程度だった。永井の湿田埋立地や小田井の旧河道部で被害率は33％および44％と高い値を示す。火災により中心市街地の約7割が焼野原と化した。
2) 兵庫県による緊急対応や適切な復旧復興計画の立案が迅速に実施できたのは県幹部が現地で直接対応，指揮したことが大きい。また，朝鮮人に対する配慮が慎重におこなわれた。県が道路拡幅を最優先に町村に指示したことがその後の復興計画の軸となった。大開通は約14mに拡幅，歩道や街路樹を設定した優れた駅通となり，商業と交通の中心軸として機能した。防火対策を重視し耐火鉄筋コンクリートの新築を奨励する施策をとった。このため，大開通を中心にユニークなデザインの建物が現存し，文化財として価値をもつ。
3) 伊地智町長は復興の基本方針に区画整理を掲げ，町民一致で取り組む方針をとった。これには，大豊岡計画の推進を通じて復興事業を実現する意図があった。しかし，地主層らの反対により復興区画整理組合案は廃棄され個別交渉に変わったため，区画整理未実施の部分が中央部に広く残る結果となった。
4) 大開通のシビックセンターは，市民サービスの集約的空間として震災復興により開設されたわが国唯一の例である。しかし，敷地の狭さなどから公的施設が再び分散してしまっており，復興のシンボル的建築物である町庁舎も改築され，2013年には新庁舎にかわった。

注
1) 兵庫県但馬県民局豊岡土木事務所・川崎地質株式会社（2009）『豊岡瀬戸線　豊岡盆地地盤沈下対策検討業務報告書』より編集
2) 宮村攝三（1946）東海道地震の震害分布（その1），地震研究所彙報，24，99〜134　では被害指数と称している。本章では田治米辰雄他（1977）『地震と震害―地域防災研究からのアプローチ―』槇書店　にしたがって被害率とよぶ。
3) 豊岡市教育委員会所蔵『伊地智家文書』二．文書の部（四）震災，四．耕地整理

4）豊岡市立図書館蔵　『シビックセンター設計図（600分の1）』（制作年不明）本図では役場の背後に公会堂，その横に図書館兼物産陳列所が置かれており，建物配置など実際と異なる点がある。

第2章
1927年北丹後地震と京都府の対応

2-1　北丹後地震の概要

　昭和2(1927)年3月7日,午後6時28分,京都府北部丹後地方をマグニチュード7.3の直下型地震が襲った。丹後地方全域で震度Ⅵ以上に達し,震度Ⅴは兵庫北部から福井県西部,京都府と大阪府の全域,滋賀県西部にわたる広い範囲に生じた。死者2,925名,負傷者7,806名,住宅全壊5,106戸に達するなど大きな被害が発生した。関東大震災から約3年半後,北但馬地震から1年9ヵ月後のことである。
　まず,被災地域の特徴と社会的背景についてのべておこう。
　1）震央は網野町郷付近,地下の浅部で断層破壊が生じたため地表に地震断層が出現した（図2-1）。この衝撃による強い地震動が広域的な被害を発生させた。被災の中心地は京都から北西へ約150kmの丹後半島のつけ根付近を中心とする交通・通信などの不便な農山村地帯である。一方,日本の絹織物の8割を生産する網野・峰山・市場・岩滝などの機業地が潰滅的被害を受けた。縮緬は京都で加工され着物として製品化されるため,西陣や室町の織物業者などの経済活動

図2-1　北丹後地震の震央と地震断層の分布（大邑潤三作成）

にも大きな打撃を与えた。当時は第1次世界大戦後の不況と金融危機，関東震災後の復旧復興資金や震災手形の負債により国家財政は非常に厳しい状況にあった。

2) 東京帝国大学地震研究所は翌日に所員7名を丹後地方に派遣，京都帝国大学地質学鉱物学教室は9日から室員あげて震災地の調査に当たった。さらに，京都府測候所，地質調査所，中央気象台，東北大学などが現地調査を実施，当時として最高水準の地震研究がおこなわれている。わが国で活断層の用語が最初に用いられたことでも注目される。8日に大阪朝日・大阪毎日両新聞社は水上飛行艇による偵察と現地へ記者を派遣しており，地震2週間後に写真集が発行されている[1]。また，記録映画も撮影され，京阪神各地で上映されたため地震災害の深刻さが広く知られ，義捐金品の供出に大きく貢献した[2]。

3) 本震災について直後の出版物として京都府（1928）『奥丹後震災誌』が総括的な報告であり，京都府測候所（1927）や永濱（1930）などもある。被害については峰山町の田中編（1927）や岩滝町の小室編（1933）に詳しい記載があり，救護について日本赤十字社京都支部編（1928）がある。近年では蒲田（2006），大場（2007），京丹後市史編さん委員会編（2011，2013）が詳しい研究報告をおこなっている。

2-2　北丹後地震による被害の実態

1) 京都府

3月7日（月曜）の18時28分の地震により多数の木造家屋が倒壊，夕食準備時間帯であったため直後に多地点から出火，延焼した。罹災者は0.3〜1m程度の積雪の屋外で過酷な避難生活を余儀なくされた。丹後地方四郡の町村に発生した被害を概観してみよう。図2-2は町村ごとの死傷者率分布を示す。10％以上の町村は北から網野，島津，郷，丹波，吉原，峰山，長善，奥大野とほぼ郷村断層の通過地区とその隣接地区である。市場，山田は山田断層の通過地区にあたる。地表地震断層が出現した地区では地震動が強烈で家屋が倒壊，屋内に閉じ込められた人達が焼死した。一方，5〜10％の浜詰，神野，岩滝では地震断層から離れているにもかかわらず死亡率が高く，表層の軟弱な地質が震動の増幅に関与していると推定される（大邑 2013）。

図2-3に全壊・全焼率の分布を示す。被害は死傷者より広い範囲に発生しており，高い値は網野町，島津村から北北西方向に市場，三河内両村まで直線状にならぶ。これは死傷率の高い地区と一致しており，地震断層近辺で強い地震動が生じたことを意味する。60％以上の高率を示すのは網野，島津，郷，峰山，吉原，長善，市場と山田である。網野，峰山，市場，山田では大規模な火災が発生している。日置から府中，岩滝を経て岩屋につづく被害率の高い地区は山田断層による影響を反映している。一方，約30km離れた福知山町の由良川堤防が京町付

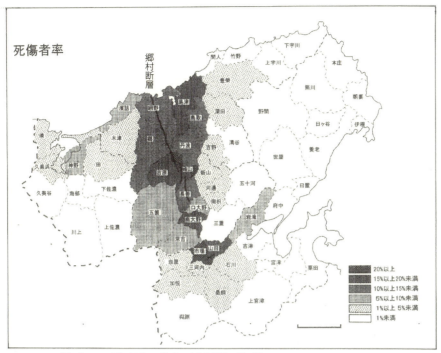

図2-2 町村ごとの死傷者率の分布（大邑潤三作成）

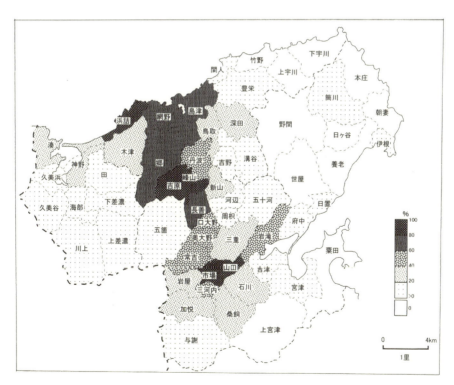

図2-3 町村ごとの全壊・全焼率の分布（土田洋一作成）

表2-1 兵庫県における被害（『奥丹後震災救護誌』により作成）

	死者	負傷者	全壊	半壊	損壊	その他
城崎町	0	2	0	0	4	耕地陥没
内川町	0	0	0	2	27	神社社殿倒壊
田鶴野村	0	1	1	12	65	小学校倒壊
豊岡町	0	1	12	12	131	
八條村	0	8	2	16	106	小学校倒壊
新田村	0	0	0	4	53	小学校倒壊
三江村	0	0	1	3	14	
五荘村	0	1	0	0	5	
出石町	0	2	0	0	1,073	
小坂村	1	2	5	136	0	
神美村	1	2	4	21	355	
合橋村	0	0	1	2	11	
資母村	1	0	0	2	37	
浜坂町	0	2	0	0	0	
西宮市	0	3	0	4	0	
尼崎市	0	0	0	0	13	
計	3	24	26	214	1,894	

近で約600間にわたり亀裂や石垣の狂いを生じ，土師川でも同様の危険な状態になった。このため，町民が改修促進嘆願書を濱田知事へ提出し政府にも働きかけた結果，堤防改修事業が昭和3年7月〜4年6月に施工された。岩沢忠恭査定官の配慮により鋼鉄板2,600枚を打ち込む強固な堤防補強工事が施行され，地元では岩沢堤防とよぶ（福知山市史編さん委員会1992）。本堤防の完成を祝って昭和6年から堤防祭りが毎年8月に開催されるようになり，今日まで堤防愛護会の活動が継続されている。

2) **兵庫県**

隣接する但馬地方に大きな被害が発生した。兵庫県救済協会編（1928）により同県の被害を表2-1に示す。死者3名，負傷者24名，全壊26戸，半壊214戸，破損1,894戸に達した。建物被害では豊岡町の全壊12戸，小坂村の半壊136戸，出石町の損壊1,073戸などが顕著なものだった。豊岡・城崎両町は1925年地震からの復興途上にあり，簡易住宅や新築建物が多かったため被害は比較的軽微だった。約80km隔たった神戸港第1突堤では，出港前のカリフォルニア号のタラップを昇っていた外国人観光客4名と波止場の3名が投げ出されて船や海中に落下，1名が死亡，6名が重傷を負った。

3) **大阪府**

府下の被害を京都府測候所（1927）により表2-2に示す。震源地から約80〜120km南東に位置するにもかかわらず死者21名，負傷126名，全壊住宅43戸，全壊倉庫・工場72棟という被害が発生した（写真2-1）。最大の悲劇は堺市戎島埋立地の岸和田紡績工場の倒壊で，逃げ遅れた女工20数名が病院へ運

写真 2-1　大阪における被害状況　左：玉造の朝日座，右：築港四条四丁目付近（『丹後但馬震災画報』による）

表 2-2　大阪府の被害（『北丹後地震報告』により作成）

	死者	負傷者	全壊住宅	半壊住宅	全壊倉庫類	全壊工場	煙突被害	浸水戸数
大阪市	6	96	25	8	22	8	26	700
堺市	10	18	1	2	3	0	0	0
管内他町村	5	12	17	7	35	4	7	0
計	21	126	43	17	60	12	33	700

ばれ9名は死亡した。また，東区玉造の朝日座で壁が倒壊し客10数名が負傷した。道頓堀の劇場では地震で客が悲鳴をあげて外へ殺到して逃げ出し，休業になった。大阪や堺付近でも強い揺れによる被害が発生した。

4）復旧

　丹後の鉄道は峰山線（後の宮津線）の丹後山田―峰山間が大正14年11月に，峰山―網野間は大正15年12月に開通した。山田地震断層の変位により丹後山田―大宮間の城山トンネル付近で線路が大きく破壊され不通になった。軍を中心に復旧作業を迅速に進め，昭和2年3月21日には京都―網野間の列車運行が再開された。これにより被災地から京都方面への避難者，京都方面から被災地への救護救援人員などの移動，救護品や日用品，住宅建設資材などの輸送が一挙に進むことになった。避難者や救援者には無料乗車の便宜がはかられている。

　峰山や網野の市街地が壊滅的被害を受け，家を失った数千人が冬期の雪と風雨の中に放り出された（写真2-2）。被災者用避難住宅の建設は最も深刻かつ緊急を要するものである。このため，第三，四，十六などの師団工兵隊と府やボランティ

写真 2-2　峰山町金比羅神社境内，雪中の避難民（『丹後但馬震災画報』による）

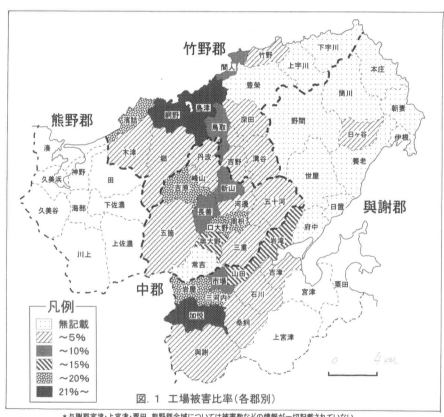

＊与謝郡宮津・上宮津・粟田、熊野郡全域については被害数などの情報が一切記載されていない

図 2-4　町村ごとの機業工場の被害率分布（浜田時実作成）

アなどが総力をあげてバラック住宅の建設に取り組んだ。その結果，3月10日から同28日までに峰山町602戸，網野町320戸，島津村290戸を急ピッチで完成させた[3]。バラックは1棟5〜10戸の長屋で，1戸は4.5畳を基準とする。ここに1〜数家族が入ったからその狭さが推定できよう。土地を持つ住民は貸付金を受け自宅を早く再建することをめざした。昭和2年12月末，住宅の再建率は峰山町で82%，網野町で69%，島津村で76%というスピードぶりだった。早い立直りをみせたのは縮緬産業である。地震は網野，峰山，大宮，および野田川流域の機業地帯を直撃し，京都の織物問屋の専属工場も大きな打撃を受けた。図2-4は町村ごとの工場被害率の分布を示す。丹後機業の復旧は地元経済の復活と京都の着物の生産流通に関わる多くの企業・従業者の死活問題でもあった。6月時点で9,980人の職工のうち24%が失業していた。約10ヵ月後の12月末には機業家1,350戸，織機5,880台，年生産額で340万円と地震前の水準に回復したという。国策による機業の手厚い復興資金投入がなされた結果である[4]。

京都府と国の対応を中心に地震発生から復興過程を表2-3に要約した。

2-3　京都府の対応と復興策

1）緊急対応

京都府は7日午後11時に職員を非常招集し，直ちに震災救護本部を府庁内に設置した。被災地との連絡が途絶えているため，翌早朝から職員を現地に派遣した。8日には宮津警察署内に府震災救護出張所をおき，現地の情報収集と緊急対応の指揮をとった。その後，峰山・網野・久美浜にも出張所を設置，町村と連携しながら被害調査，救援・救護などをおこなった。本地震は関東大震災や北但馬地震の発生後であり，行政機関は緊急対応から復旧復興について情報や教訓を共有していた。京都府は濱田恒之助知事が陣頭指揮にあたり，行政力が壊滅または弱体化した町村の支援，復旧復興を指導し，政府への補助金陳情の交渉に当った。しかし，政変により4月28日に退任，新任の杉山四五郎は7月19日まで3カ月弱の短期間の在任で終わり，その後は大海原重義が昭和4年7月まで知事を勤めた（京都府会事務局編1953）。このような府トップのあわただしい交代は復興事業の継承や実施に弊害が大きかった。

9日には天皇家から5万円，各宮家から2.5千円の下賜が決定された。これは被災地への配慮から最も早い時点で現金配布を決めたもので，被災民に復旧への気力を興隆させるとともに天皇家への崇拝に効果は絶大であった（写真2-3）。京

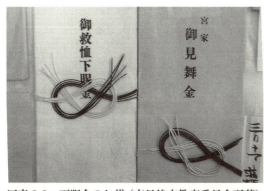

写真2-3　下賜金のし袋（京丹後市教育委員会所蔵）

表 2-3　京都府・政府を中心とする北丹後震災の復旧復興年表

年　代	月　日	事　項
1927年 （昭和2年）	3月7日 （月曜日）	18時27分　北丹後地震（M7.3）発生，郷村・山田両地表地震断層が出現 京都府下で死者 2,898 名，負傷者 7,595 名，全壊 4,899 戸，全焼 2,019 戸 午後 11 時府庁内に震災救護本部（総務部と警務部）を設置 宮津警察署内に京都府震災救護宮津出張所を開設 第 16 師団福知山連隊，舞鶴重砲大隊が峰山に到着，救護・救援を開始
	3月11日	府会で震災救護に関する協議に議員らによる視察・慰問を決定
	3月12日	土屋侍従が被災地慰問のため峰山到着，京都網野間道路復旧
	3月21日	京都網野間の鉄道復旧
	3月28日	府参事会で救護費約 80 万円，復旧貸付金約 100 万円支出を承認，全関西婦人連合会が託児所を開設
		バラック建設進む（峰山町 602 戸，網野町 320 戸，島津村 290 戸，吉原村 152 戸）
	4月1日	府会協議会で府の応急対応と復興計画を報告，復興資金 885.5 万円，産業復興 1373.8 万円
	4月27日	京都府復興事務所を宮津，峰山，網野，久美浜に設置
	4月28日	濱田恒之助知事辞職，杉山四五郎が知事に着任
	4月30日	国費 5.1 万円により京都府出張所を峰山町に設置
		府庁にて救恤金 5 万円および皇族見舞金 2.5 千円の伝達式を行う
	5月30日	内務省が土木復旧補助金 228.4 万円（85%補助）を決定
	6月8日	農林省が復旧助成補助金 69.6 万円を決定
	6月27日	商工省が機業復旧貸付資金 253 万円を決定
	7月中頃	義捐金は約 370 万円に達したが，配分について府と町村で意見が対立
	7月7日〜 13日	復興週間として展覧会や生活改善講習会などを実施
	12月末	住宅の復興状況は峰山町 82%，網野町 69%，郷村 78%，島津村 76%まで進む
		機業家 1,350 戸，織機 5,880 台，年産額 340 万円と震災前の水準まで回復
1928年	3月7日	府主催の震災一周年慰霊祭を峰山小学校で挙行，神仏両式，町村は休業，午後は講演会
	5月25日	京都府が奥丹後震災誌を発行
（昭和4年）	3月4日	峰山町の府出張所が閉鎖
	3月7日	2周年震災慰霊祭を峰山小学校で挙行，町村との会合時に府が残余義捐金による財団法人丹後震災記念館設立と記念館の建設を提案
	12月	薬師山に丹後震災記念館竣工（RC 建築，一井九平設計）
	12月17日	郷村断層の 3 地点が天然記念物に指定
1930年 （昭和5年）	1月7日	文部省より寄付行為団体として丹後震災記念館が認可
	3月7日	3周年の震災慰霊祭を丹後震災記念館にて挙行
	7月23日	天然記念物郷村断層（3地点）の私有地を丹後震災記念館が購入，石碑を建てる
1935年	8月	震災記念館が画家伊藤快彦に震災油絵 3 点を製作依頼
	11月11日	京都市美術工芸学校生徒に震災実況の模写 35 点を制作依頼
1942年	7月1日	震災記念館が京都府奥丹後地方事務所として全面使用される
1948年	3月7日	財団主催最後となる震災 22 周年慰霊祭を挙行
1953年	7月11日	財団法人丹後震災記念館の解散を理事会で決議

都府が救護費約 80 万円，復旧貸付金約 100 万円を承認したのは 3 月 28 日であった。地震時に第 52 帝国議会が開会中であり，支援策の具体化が順調に進んだ。国の最初の財政援助は 5 月 25 日の大蔵省の復興資金 1,043 万円，6 月 27 日の商工省の機業復旧資金など約 290 万円の決定までの地震後約 3〜5 ヵ月間に集

表 2-4　被災町村の道路計画に関する決定内容（注5により作成）

	議　決	府知事へ請願	府道拡幅	町道拡幅	用　地
山田村	3月31日	3月31日	4間	2間または3間	寄付
市場村	3月29日	3月30日	4間	状況により2間以上	寄付
三河内村	3月28日	3月28日	4間	2間未満は2間以上に	寄付
岩屋村	4月1日	4月2日	3〜4間	10尺または2間	寄付
加悦村	3月29日	3月29日	4間	2間以上	寄付
峰山町	3月30日	4月6日	5間	未定	時価買収
網野町	3月20日	3月20日	5間	2間または3間	寄付

中している。一方，義捐金の募集は直後から開始され，3月末には約136万円，1年後の4月1日には総額約439.8万円もの巨額に達した。

2）道路計画

　京都府は緊急対応が一段落した3月中旬（20日以前）に復興の第一段階として，被災激甚の町村に対して　①道路改修・拡幅計画を策定すること，②府道は4間以上，町村道は2間以上に拡幅すること，③これらに要する用地は無償提供することの3点を要請した[5]。これを受けて各町村は3月末頃までに議会において拡幅すべき道路とその幅員，道路用地の無償提供を決定しており，府に早期の道路明示と工事の実施を懇請している（表2-4）。峰山町を除く6町村が道路用地の無償寄付を決めたことは注目すべき事である。すなわち，「潰地は御命令により町村より寄付可仕候条」[5]（加悦町・岩屋村など）の文面から強圧的に無償提供を押しつけられ反論の余地はなかったようにみえる。また，建物再建が始まる直前のこの時期を逃すと混乱が生じること，町村には用地を買収する財力はほとんどないことからこのような選択をせざるをえなかった。最も都市的な峰山町のみが「相当価格で買収に応ずるものとす，やむを得ざる場合は無償にて提供することを得」とする苦渋の決議をしている[5]。府と被災町村は道路の狭隘さが被害拡大の原因であったことを認識しており，永遠の道路計画を樹立する姿勢で臨んだ。全滅状態に陥った市場村の道路計画（図2-5）では，府道4間，町道の幅員を3段階にわけた計画を立てている。幾地地区に道路の新設が多いのは，ここを将来の開発予定地と位置づけたためと推定される。

3）京都府出張所

　府は4月1日，府庁知事官房に復興事務を総括し出張所との事務連絡を処理することを任務とする臨時復興課（88名）を設置した。また，同日の参事会で震災誌の編纂を決定し専務として元日出新聞社の山崎房蔵を課員に加えている[6]。同11日の府議会で濱田知事が復興計画を報告，復興資金など約5,609万円を政府に要求している。同27日に復興事務所を宮津，峰山，網野，久美浜の4ヵ所に設置することに決定した。しかし，5月2日には勅令101号により復興事務・事業を統括する京都府出張所の国費による設置が決まる。そして，同28日から峰山小学校仮校舎内で事務が開始された（京都府1928）。定員は16名で，庶務，資金貸

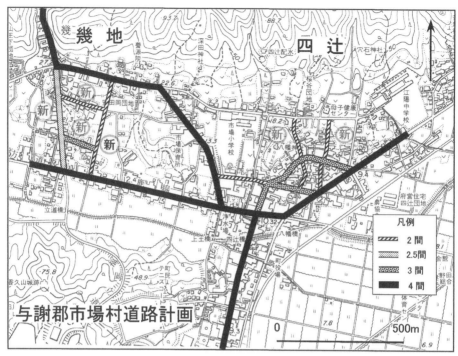

図 2-5　与謝郡市場村の道路計画（注 5）により作成）

付，商工，土木，建築，耕地整理，農林，社会の各課をおき，国費 51,285 円および府費 18,908 円を充てた[7]。その後，6 月 25 日付によると，技師 6，属 21，技手 25，事務雇 10，事業雇 18 と約 80 名規模に拡大されている[7]。7 月 15 日には同町字光明寺の吉村伊助所有地に事務所を新築，移転した。同出張所は約 2 年間復興事業の統括的組織として存続，昭和 4 年 3 月末日の事務修了により閉鎖された。これは府による復興宣言と受け取られたことであろう。

4）復興週間

地震から 4 ヵ月後の 7 月 7 日〜13 日の 1 週間を復興週間と定め，多様な行事を実施した。まず，府庁内の生活改善同盟会京都支部と勤倹奨励京都支部委員会の共催による峰山町での復興展覧会（改良住宅模型や耐震組型などの展示），京都府処女会に罹災会員の追悼会，府などが実施した住宅改善講習会や改良住宅・修理講習会，巡回活動写真上映などがあげられる（京都府 1928）。地震の 4 ヵ月後という早い時期に復興週間を実施した目的は，住宅再建が本格化しつつあるこの時期が社会教育として生活改善と耐震住宅を普及させる好機と考えられたと推定される。関東大震災では地震 1 年後の 9 月 1 日〜30 日に上野の自治会館で震災復興展覧会を開いたのが最も早い。丹後における復興週間は東京のものとは目的を異にし，復興途上における住民の啓発運動として実施されたものといえよう。

5）財団法人丹後震災記念館

丹後震災のシンボルとして峰山市街地を見下ろす薬師ヶ丘に鉄筋コンクリート 2 階建の丹後震災記念館が偉容を誇って建つ。記念館の経緯を見ておこう（京丹

写真2-4 竣工直後の丹後震災記念館(1929年末頃)(右)と峰山町震災記念塔(左) （京丹後市教育委員会所蔵）

後市教育委員会 2010）。昭和 4 年 3 月の 2 周年目の慰霊祭後の町村会合において，府学務部長から丹後震災記念館の建設と同名の財団法人設立に関する建議がなされたことに始まる。府は被災町村に昭和 2 年 5 月末に約 310.9 万円，11 月 14 日に約 109.2 万円の義捐金を配当したが，その後の寄金と預金利子を合わせて残金 85,248 円余をこの財源に利用することにした。そして，本震災を永遠に記念すべく①震災記念館の設立，②震災記念物の保存，③慰霊祭の施行，④地震に関する調査研究，⑤社会教化などを目的とする施設として館の建設を決定したのであった。昭和 4 年 5 月 24 日に府技師一井九平設計による震災記念館の工事契約が京都市の山虎組と結ばれ，12 月 18 日に竣工している（写真 2-4）。なお，同年 10 月には学校建築としては珍しい鉄筋コンクリート造の峰山小学校が竣工した。これも一井九平の設計によりアーチを多用した優雅な外観をもつ建築物である。昭和 5 年 2 月に同名の財団法人が認可され，その後は府社寺課の所管となった。昭和 5 年の震災 3 周年慰霊祭が同館において神仏両式で挙行されている。記念館の主な事業として，①昭和 4 年 12 月に天然記念物に指定された郷村断層 3 カ所の土地を翌年 8 月に購入して永久的保存に貢献したこと，②昭和 8 年から震災殉難者名簿の作成と写真の蒐集を行ったこと，③昭和 10 年に震災絵画の作成を伊藤快彦らに委嘱，記念館に展示したことなどが評価される。

　その後，戦時体制下で活動は停止を余儀なくされて終戦を迎える。昭和 23 年に最後の慰霊祭を挙行したが，昭和 28 年 7 月に法人解散が決議され，翌年には財産処分を行って 12 月 18 日の理事会でその歴史を閉じた。その後，記念館は峰山町に無償譲渡され，昭和 30 年から図書館と公民館に利用されることになった。なお，震災資料を引き継いだ峰山町は震災から 45 年後の昭和 47 年に丹後

震災記念展を開催，この行事は現在まで継続実施されている点は貴重である。平成24年4月には85周年記念特別展が京都市立命館大学歴史都市防災研究センターで開催され，多数の市民らがこの震災の実態を知る機会となった。

峰山町は最激甚被災地となり，復興事業を取り仕切る京都府出張所がおかれ，記念的建築物である震災記念館や小学校が建ち並び，本地震から復興をとげた象徴的都市と位置づけられる。

2-4 結論

1) 北丹後地震では郷村・山田の2本の地表地震断層が出現し，断層至近の集落は激甚な被害をうけた。さらに，峰山町，網野町，市場村など機業地帯の中心地が倒壊と火災により潰滅的被害を受けた。
2) 京都府は地震直後に道路計画の早期決定と道路用地の無償提供を町村に指示した。これによって市街地復興の基礎が作られたといえる。
3) 4ヵ月後の復興週間は農村と機業地に対する生活改善運動および再建建築の耐震化を普及させる社会教育的目的が強かった。しかし，耐火に対する指導を行っていない点が惜しまれる。
4) 府は義捐金の余剰分などを資金として震災のモニュメントというべき丹後震災記念館を建設した。そして，地震や震災に関する研究と普及，資料収集などの活動をおこなった。これらを引きついだ峰山町は1972(昭和47)年以来，震災記念展を現在まで開催，継続していることは高く評価される。

注
1) 大阪朝日新聞社（1927）『丹後大震火災写真画報』および大阪毎日新聞社（1927）『丹後但馬震災画報』 両者とも3月20日発行。
2) 現存する映像としては京丹後市が保管する1本が確認されるのみ。これは大阪朝日新聞社による撮影と推定される。
3) 京都府立総合資料館蔵　昭2－135 『震災情報』
4) 京都府知事や吉村伊助衆議院議員，各町村長らが政府や議会に陳情をおこなった。また，丹後出身の西原亀三もこれに寄与したことが山本四郎編（1983）『西原亀三日記』から推定される。
5) 京都府立総合資料館蔵　昭3－199 『府下市町村道路計画ニ関スル件』 昭和三年度土木部
6) 京都府立総合資料館蔵　昭2－15 『浜田前知事・杉山知事事務引継演説書』
7) 京都府立総合資料館蔵　昭3－2 『例規集京都府出張所』 昭和二年

第3章
1927年北丹後地震と峰山町

3-1 はじめに

　　北丹後地震は峰山地震とも呼ばれる。これは峰山市街地が家屋の倒壊と火災によって焼野原の全滅状態になったことに起因する。峰山は近世峯山藩の陣屋（城下）町で生糸と縮緬の生産，流通の中心地として繁栄してきた（古くは峯山と記したが以後峰山に統一する）。現在は京丹後市の本庁舎がおかれ，行政，商業，サービスなどの機能を有する地方中心都市である。峰山町の地震被害や復旧復興については田中編（1927），京都府（1928），永濱（1930）による当時の報告書や峰山郷土史編さん委員会（1985），蒲田（2006）に記述があり，小林（2009）は緊急対応や救護・救援活動，迫谷他（2002）は復興過程と府道拡幅について報告している。本章では峰山町の被害実態と発生要因，復興計画の特徴と実施過程を京都府や峰山町の文書類を利用して明らかにする。

3-2 峰山町の地理・地形環境

1）地理的特徴

　　本町は府道宮津－網野線（以下では本町通に統一する）および間人線と久美浜線が収斂する交通要所にあたり，中・竹野両郡のほぼ中央に位置する（図3-1）。峰山は16世紀末に細川興元が一色氏の山城があった権現山の麓に城下町を建設，1622（元和八）年に京極高道がここに入府して以来，12代目京極高棟の代に廃藩置県を迎えるまで1.3万石（後に分知して1.1万石）の陣屋町として発展してきた。1720（享保五）年に絹屋佐平治が西陣の織物技術を導入して縮緬生産を開始，藩がこれを奨励したことから縮緬産業の中心地としての地位を確立した。町の構造を明治6年頃の地籍図（図3-2）により検討してみよう[1]。

　　京極氏の陣屋は市街地北端，吉原の丘陵高台に置かれ，武家屋敷はその南の四軒，不断の斜面や谷底に配置された。町屋は上より南方にひらけ，本町通をはさんで間口の狭い短冊型地割が整然と並んでいる。ここには縮緬問屋と織物や呉服に関連する店が軒を並べ，久美浜と間人の道路が交差する呉服，浪花付近が最も繁華な地区をなした。小西川の南岸は宝暦および文化の2期に川南地区として新たに開発された。ここには2本の南北道路を軸とする小規模な宅地割が密集している。地震直前には，1,035戸，人口4,584人の丹後有数の経済力を持つ小都市であり，街道沿いに2階建瓦葺きの商家が軒を並べる繁栄ぶりを示した（写

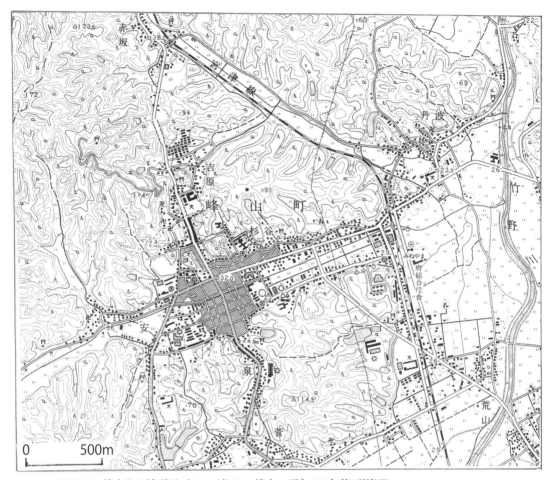

図 3-1 峰山町の地形図（2.5 万分の 1 峰山，昭和 60 年修正測図）

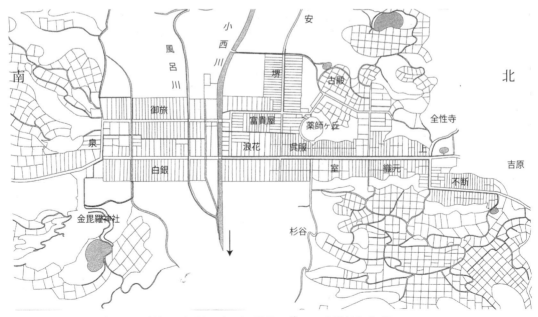

図 3-2 峰山町の地籍図（明治 6 年頃の地籍図[1]より小林善仁作成）

写真 3-1　本町通の明治後期頃の景観　浪花付近から北を見る（絵はがきによる）

真 3-1）。一方，近世から引き継がれた道路の狭さと住宅の過密な分布など災害に弱い構造をもっていた。

2）　地形と地震断層

本地区の地形分類図を図 3-3 に示す。高度 100 〜 200m 程度の花崗岩からなる丘陵地が広く分布するが，地表から数 10m にわたって深層風化している。このため，地震時に多数の崩壊が発生した（写真 3-2）。丘陵は樹枝状の侵食谷によって刻まれ，多数の谷底低地が発達する。小西川は幅約 300m の東西性の沖積低地を形成し，多くの旧河道が認められる。土砂堆積による河床上昇が著しく

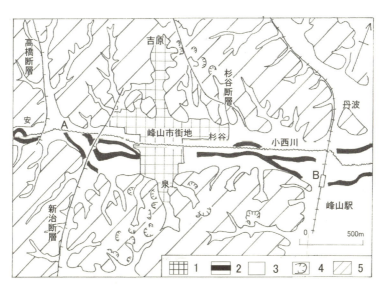

図 3-3　峰山町の地形分類図（空中写真判読による）
　　凡例　1: 市街地，2: 旧河道，3: 谷底低地・後背湿地，4: 崩壊地，5: 丘陵
　　A − B は図 3-4 の断面位置

写真 3-2　赤坂峠の斜面崩壊と網野街道（『奥丹後震災誌』による）

洪水が多発したため，流路つけ替えや護岸築堤などの工事を行ってきた。図 3-4 は小西川沖積低地の東西地質断面である。地表下にはN値3以下の軟弱なシルト・粘土からなる上部粘土層が連続的に堆積している。市街地下では厚さ2～3m，下流へ厚さを増し，峰山駅では厚さ約6mになる。下位の基底砂礫層は厚さ2m程度だが，下流に厚さを減じて砂層に変わっていく。北丹後地震にともなって本

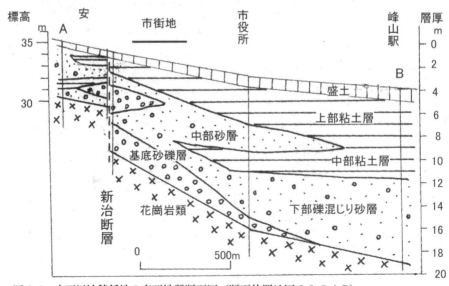

図 3-4　小西川沖積低地の東西地質断面図（断面位置は図 3-3 の A-B）

地区近辺に西から東へ高橋断層，新治断層，杉谷断層の3本の地表地震断層が出現した（図3-3）。新治断層は基盤上面に4m，砂礫層上面で約1mの西上がり変位を与えており（図3-4），累積的活動が認められる（杉山他 1986）。峰山市街地を挟み込むように幅約1km以内に3本の地震断層が活動した結果，強烈な地震動が発生，峰山市街地の木造家屋は瞬時に倒壊した。

3-3　峰山市街地の被害状況

7日（月曜）18時28分の地震により建物が倒壊，直後に多地点から出火して延焼，消火活動ができず火の海となって中心市街地は焦土と化した（写真3-3）。被災者は余震におびえながら積雪と雨の中，金比羅神社や紅葉ケ丘などの山手，街道沿いや峰山駅などに避難した。役場（旧郡役所）は半壊，旧役場は全焼した。税務署，郵便局，幼稚園，小学校，高等女学校は全焼，警察署，峰山病院，土木工営所，工業学校，織物試験場は全壊した。表3-1に字ごとの被害を示す。全壊1,006戸，全焼849戸で，全壊率約99％，全焼率約84％と壊滅状態になった。倒壊と全焼ともに100％は上，織元，室，呉服，浪花，白銀，御旅で，本町通沿いに南北に連なる地区である。焼失率の低い吉原，光明寺，古殿，杉谷は周辺部にあって火災をまぬがれた。死者は1,103名で死亡率24％と異常な高率を示す。重軽傷者も530名に達し，死傷者は住民の37％にも達する深刻さだった。一家全員が死亡した家族が約40もあった。図3-5に死亡率の分布を示す。呉服の44％を筆頭に，織元（37％），白銀（32％）で，御旅の27％がこれに次ぐ。高い死亡率は商業中心地と一致する。死者中には織元4名，室4名，呉服11名，浪花9名，白銀4名など32名の雇人が含まれる。吉原では行待織物工場の倒壊と火災により職工23人（30才以下が18人）と家人2名の計25名が犠牲になった（田中編 1927）。商家や工場では家族の他，多数の雇人が犠牲になり，死亡率を高める要因になっている。安の死傷者率が45％と高率なのは新治・高橋両地震断層の直近に位置し，全建物が倒壊かつ焼失したためである。

写真3-3　焦土と化した峰山市街地（『丹後大震火災写真画報』による）

表 3-1　峰山町の字ごとの被害状況　（田中編（1927）と永濱（1929）により作成）

字	総戸数	倒壊戸数	焼失戸数	倒壊率%	焼失率%	人口数	死者	負傷者	死亡率%	死傷者率%
吉原	67	66	26	98.5	38.8	313	61	45	19.4	33.8
不断	43	43	41	100	95.3	173	45	18	26	36.4
上	51	51	51	100	100	231	57	31	24.7	38.1
織元	55	55	55	100	100	181	67	33	37	55.2
室	31	31	31	100	100	165	39	23	23.6	37.6
呉服	35	35	35	100	100	226	99	15	43.8	50.4
浪花	64	64	64	100	100	368	94	64	25.5	42.9
白銀	48	48	48	100	100	259	84	11	32.4	36.7
御旅	88	88	88	100	100	365	102	47	27.4	40.8
泉	129	123	114	95.3	88.3	638	157	38	24.6	30.6
光明寺	15	15	5	100	33.3	49	6	4	12.2	20.4
富貴屋	52	52	51	100	98	201	49	22	24.4	35.3
堺	93	93	92	100	98.9	326	80	34	24.5	35
古殿	48	48	16	100	33.3	188	13	23	6.9	19.1
安	41	41	41	100	100	131	27	32	20.6	45
杉谷	175	153	91	87.4	52	770	123	90	16	27.7
総計	1,035	1,006	849	98.8	83.6	4,584	1,103	530	24.3	36.6

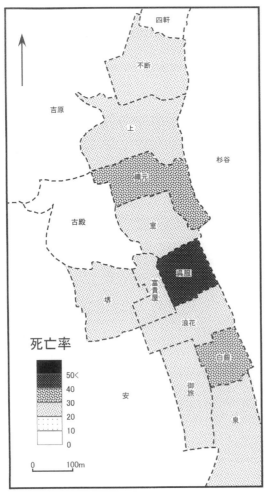

図 3-5　峰山町字ごとの死亡率の分布
（大邑潤三・土田洋一作成）

3-4 復興計画と実施過程

峰山町における地震発生から復興までの経過を表 3-2 に要約した。これにしたがって，緊急対応から復興に至る過程を検討していこう。

表 3-2 峰山町の震災関係年表

年代	月日	事項
1927年 (昭和2年)	3月7日	18時27分の地震発生，峰山町で死者1,094名，全壊・全焼1,001戸の大被害
	3月8日	峰山町が新山村より米38俵，杉谷地区より20俵を調達 朝より大阪朝日・大阪毎日両新聞社の飛行機が偵察のため飛来 第16師団福知山連隊，舞鶴重砲大隊が峰山に到着，軍が救護救援を開始
	3月9日	峰山町役場を峰山駅構内におき事務開始，強雨となり一部で氾濫，赤十字救護班が到着
	3月10日	濱田知事が視察・慰問のため峰山到着，第16師団工兵隊による道路修復・バラック建設の開始
	3月11日	府会で震災救護に関する協議会，議員らによる視察・慰問を決定
	3月12日	土屋侍従が被災地視察・慰問のため峰山到着，京都網野間道路復旧
	3月13日	電灯が復旧
	3月14日	網野―峰山―口大野間の鉄道運転再開
	3月16日	峰山小学校が校庭でテント内授業を開始
	3月21日	城山トンネル修復により京都網野間の鉄道復旧
	3月22日	峰山町が復興委員（市街計画土木委員13名，社会施設委員12名）を委嘱
	3月30日	峰山町議会で府費補助による道路・堤防・上水道の復旧，府道の拡張を決定
	4月10日	午後2時より紅葉岡にて町葬を催行
	4月27日	京都府復興事務所を宮津，峰山，網野，久美浜に設置
	5月28日	京都府出張所が峰山小学校仮校舎内に設置，事務を開始（7月15日に泉の新事務所へ移転）
	7月7～13日	復興週間とし，改良住宅などの展覧会や生活改善講習会，処女会の追悼会などを実施
	12月末	住宅の復興状況は峰山町82%，網野町69%，郷村78%，島津村76%まで進む
1928年 (昭和3年)	3月7日	府主催の震災一周年慰霊祭を峰山小学校で挙行，神仏両式，町村は休業，午後は講演会
	3月10日	峰山税務署がRC建築の第1号として新築竣工
	8月	府立織物試験場が新築
	12月	峰山町役場が新庁舎へ移転
1929年 (昭和4年)	3月7日	薬師山に峰山町震災記念塔を建立
	3月4日	峰山町の府出張所が閉鎖
	3月7日	2周年震災慰霊祭を峰山小学校で挙行
	11月3日	峰山町立峰山小学校本館竣工，落成式（RC建築，設計は一井九平）
	12月18日	薬師山に丹後震災記念館竣工（RC建築，一井九平設計）
1930年 (昭和5年)	1月7日	文部省より寄付行為団体として丹後震災記念館が認可
	3月7日	3周年の震災慰霊祭を丹後震災記念館にて挙行
	3月31日	金比羅神社が復興
	12月	峰山町内の道路拡幅・新設に係る購入地の分筆および登記が完了する，府道分は内務省に寄付
1953年	7月11日	財団法人丹後震災記念館の解散を理事会で決議
1972年	3月	峰山町が丹後震災記念展を開催（現在まで継続）

写真 3-4　バラック住宅の建設状況（『写真が語る明治・大正・昭和の丹後』による）

1）緊急対応

　7日夜，旧中郡役所を利用した町役場が半壊，公会堂は全壊，中村治作町長は負傷し妻を亡くすという厳しい状況に置かれた。8日午前中に陸軍八日市飛行第3連隊機，大阪朝日・大阪毎日両新聞社の水上機が偵察と撮影に飛来した。また，太田静男助役を中心に職員を召集，杉谷と新山から米58俵を調達して炊出し準備にあたり，同日16時に峰山駅に仮事務所を置いた。救援隊の動きは8日朝に到着した上川口村消防隊45名を嚆矢として，午後には福知山歩兵20連隊，舞鶴重砲兵大隊などが続々到着，活動を開始した。9日には久美浜経由で日赤救護班，翌日府の救護班が到着，本格的な医療活動が始まった。同日濱田知事が視察のため丹後へ出発，12日には土屋侍従らが峰山に到着，町長に聖旨を伝達し罹災者を慰問している。10日午後には電信・電話が復旧，郵便貯金の非常払戻しと郵便物引受けが開始された。道路は工兵隊や府土木課，救援隊らの努力により11日に宮津峰山間，12日には峰山網野間が復旧した。鉄道は21日には京都網野間が開通し，救援要員や物資，復旧資材の運搬が一気に進捗した。緊急を要した避難者用バラック住宅の建設は17日に268戸，20日に435戸，24日には602戸まで増加した[2]（写真3-4）。

2）復興計画の立案

　地震後15日目の3月22日，役場で中村町長，太田助役および町有志が会合し，峰山町復興委員会の設置を決めた。また，委員として土木系（市街計画，道路や河川の調査）委員13名，社会系（施設や社会事業，被害調査など）委員12名を選んだ[2]。復興委員には地元国会議員吉村伊助をはじめ，町会議員10名（生存者全員），区長6名など有力縮緬問屋や機業の経営者，在郷軍人会分会長ら町の政治や経済を支配する有力メンバーが網羅されている。復興委員会設置から8日後，3月30日の最初の町会において，①町道5路線の復旧工事，②府道2路線の拡張改修工事，③小西川および風呂川の堤防復旧工事，④上水道復築工事の実施などを決め，これらの費用には府費補助を申請することを決定した[3]。また，

表3-3 峰山町の焼跡整理および道路改修工事（注5）により作成）

工事名	契約日	竣工日	請負者	備考
震災焼跡瓦灰取片付工事（小西川南分・北分）	S2.4.6	S4.4.30	長谷川房次郎	京都市上京区下長者町通七本松東入利生町293番地
元中郡役所敷地跡焼瓦土取除建築物取毀等工事	—	S2.8.22	長谷川房次郎	
朝日線早苗線御旅筋道路改修工事	S2.9	S2.10.21	長谷川房次郎	9月末からの悪天候につき，10月3日付「工事延期願」提出
朝日線早苗線切合ヨリ杉谷用水路下水溝混擬土	S2.9.28	—	長谷川房次郎	
和田新道道路改修工事	S2.10.5	S2.11.4	中西鶴蔵	峰山町土木組合代理人
川端新道鉄砲町道路改修工事	S2.10.11	S2.11.17	長谷川房次郎	同時期に府道改修工事が開始され，10月27付「工事延期願」提出
杉谷有田線道路改修工事（杉谷地区有田鼻線）	S2.11.16	S2.12.7	中西鶴蔵	峰山町字御旅28番地
杉谷早苗線道路改修工事	S2.11.25	S3.3.5	中西鶴蔵	同線民地側分も含む
泉新道道路改修工事（早苗線御旅間）	S2.12.1	S3.4.25	田中重太郎	峰山町字上45番地
泉新道道路改修工事（御旅ヨリ安ニ至ル）	S2.12.1	S3.3.3	中西鶴蔵	
早苗線道路新設工事	S2.12.1	S3.5.5	中西鶴蔵	早苗線切合より風呂川に接続する道路
八軒線延長工事	S3.2.6	—	田中重太郎	
早苗線道路改修工事	S3.3.1	S3.3.28	藤山広蔵	
古殿線切合ヨリ堺町道路改修工事	S3.3.3	S3.5.24	中西鶴蔵	峰山町字古殿地内茶園場第3号道路
古殿寺坂線改修工事	S3.3.5	S3.6.16	田中重太郎	
吹ノ谷道路改修工事	S3.3.3	S3.6.16	中西鶴蔵	峰山町字古殿地内吹ノ谷線第1号道路
砂田線道路改修工事	S3.3.5	S3.5.20	岸田宇之吉	峰山町字杉谷
津久田線道路改修工事	S3.3.7	—	金東朱	
津久田線道路改修工事	S3.3.28	S3.5.23	長谷川房次郎	
峰山町新地地内道路改修及木橋工事	S3.3.30	—	長谷川房次郎	
旭小路道路改修工事	S3.3.28	S3.5.23	田中重太郎	
旭線ヨリ風呂川ニ至ル道路改修工事	S3.3.30	—	中西鶴蔵	
字不断町並学校焼跡焼瓦其他全部取捨整理工事	S3.1.29	—	長谷川房次郎	
茶園場線道路改修工事（長砂横）	S3.3.28	S3.5.30	田中重太郎	
茶園場線道路改修工事	S3.3.30	S3.6.4	藤山広蔵	吉原村字菅

　京都府からの道路計画と用地の無償提供の要請に対して，府道の5間拡幅と用地の時価買取を決定した点が注目される[4]。

　次に，急を要した瓦礫撤去作業，道路改修事業の契約と竣工状況を示したのが表3-3である[5]。最初に小西川南北両側の片付工事を長谷川房次郎が4月6日に請負った。長谷川はその後も中郡役所の処置や川端新道はじめ多くの道路改修，学校の瓦礫撤去などを請負っている[6]。町道改修は昭和2年12月と昭和3年3月に契約したものが大部分を占め，昭和3年6月中旬までに竣工している。すなわち，地震後約1年半で道路修復と拡幅を目的とする改修工事は終了した。しかし，道路潰地の面積や価格の決定，売買契約などは難航し数年を要する作業となった。

表3-4 府道潰地の一覧 （注7）により作成)

字	潰地坪数	支払金額	潰地坪単価	町標準額	町標準との差額
吉原	791.45	3676.60	4.65	6127.65	2451.05
上	286.16	1337.69	4.67	2229.50	891.81
織元	115.12	1959.28	17.02	3265.46	2306.18
室	157.38	3452.80	21.94	5754.65	2301.85
呉服	203.20	6848.34	33.70	11413.90	4565.56
浪花	101.30	3587.10	35.41	5978.50	2391.40
白銀	151.33	4347.03	28.73	7245.05	2898.02
泉	486.31	6814.83	14.01	11357.98	4543.15
光明寺	6.46	42.63	6.60	71.06	28.43
富貴屋	89.66	1264.07	14.10	2106.80	842.73
堺	179.59	2823.15	15.72	4755.25	1902.10
平均	233.45	3286.68	17.87	5482.35	2283.84
総計	2567.96	36153.52	14.08	60305.80	25122.28

3) 道路拡幅事業の実態

　本町の復興事業は道路拡幅を中心としたものである。地震前の府道は3～3.5間に拡幅されていたが、町道は2～3間以下であり全体に狭隘な状況だった。最優先の事業となった道路拡幅を峰山図書館の資料[7]および峰山地方法務局の『登記簿と土地台帳付属地図』を利用して、府道と町道ごとに潰地坪数、支払金額、坪単価、町標準額、町標準額との差額を明らかにした。府道潰地を表3-4、町道潰地は表3-5に示し、表3-6は両者を要約したものである。

　①府道

　本町通と久美浜線の2路線が拡幅され、2567.96坪が道路潰地となった。本町通に面する用地が大部分を占め、吉原や泉での潰地面積が大きい。支払金額が室、呉服、浪花、白銀で3千円を超えるのは坪単価が高いためである。呉服の坪33.7円と浪花の坪35.4円は最高額を示す。そこから両側へ価格は低くなっていく。富貴屋と堺は久美浜線の拡幅によるものである。両者の支払金額は36153.52円で町標準額の60％で買上げている。

　②町道

　片側収用を基本とし、18路線の拡幅、新設によって2303.38坪が潰地となった。新たに開設された泉新道の398.48坪、延長された朝日線の365.65坪、早苗線の344.95坪の3路線による潰地面積が大きい。支払金額では泉新道が最高で、川端通や鉄砲町では坪単価が高いため高額になっている。支払金額の総計は24420.15円で町標準価格より12812.70円安く、平均66.5％で買上げられている。しかし、御堂殿線で標準額の95％、鉄砲町82％、川端通で71％と3路線のみが異常に高い比率に設定されていた。これらを除くと、すべて町標準額の60％が支払われたことになる。すなわち、道路潰地の買収額は基本的に府道・町道ともに町標準額の60％であった。

表3-5　町道潰地の一覧　（注7）により作成

路線名・町名	潰地坪数	支払金額	坪単価	町標準金額	標準金額との差額	比率
古殿吹ノ谷線（茶園場線分岐ヨリ古殿寺坂間）	139.75	616.68	4.41	1027.77	411.09	60.0
津久田線（小西川左岸ヨリ風呂川筋間）	118.95	1272.13	10.69	2120.22	848.09	60.0
旭小路（杉谷線分岐点ヨリ小西川筋右岸）	68.18	1143.42	16.77	1909.04	763.62	59.9
茶園場線（長砂横ヨリ）	77.64	288.61	3.72	481.03	192.42	60.0
鉄砲町	129.72	3178.13	24.50	3645.83	467.70	87.2
川端新道（小西川右岸）	82.82	1304.49	15.75	2207.49	882.00	59.1
砂田線（杉谷新府道間）	78.73	403.62	5.13	672.70	269.08	60.0
吹ノ谷線（表五三郎宅地先ヨリ末堺ニ至ル）	91.70	206.65	2.25	344.40	137.75	60.0
和田新道	69.53	375.45	5.40	625.77	250.22	60.0
早苗線（小西川左岸ヨリ風呂川）	242.64	833.69	3.44	1389.48	555.79	60.0
早苗線（杉谷線ヨリ小西川右岸間）	102.31	1941.39	18.98	3235.65	1294.26	60.0
堂小屋線	30.28	205.08	6.77	341.80	126.72	60.0
泉新道（安ヨリ早苗線接続）	398.48	4785.10	12.01	7975.32	3190.13	60.0
有田鼻線（杉谷線ヨリ府道間組西堤横）	24.32	321.02	13.20	535.04	214.02	60.0
御堂郷線	82.72	1500.00	18.13	1576.10	76.10	95.2
川端通（鉄砲町切合ヨリ早苗線接続）	180.05	3503.02	19.46	4942.27	1439.25	70.9
朝日線（安線分岐ヨリ早苗線間）	365.65	2129.46	5.82	3549.10	1419.64	60.0
杉谷口線	19.91	412.21	20.70	687.03	274.82	60.0
平均	127.97	1356.68	11.51	2070.34	711.82	64.0
総計	2303.38	24420.15	218.64	37266.04	12812.70	65.5

表3-6　峰山町の府道および町道の道路拡幅　（注7）により作成

	潰地坪数	支払金額	標準金額	支払差額	損失率 %
府道潰地	2568.0	36153.5	60305.8	25122.3	40.0
町道潰地	2303.4	24420.2	37266.0	12812.7	34.5
府町道合計	4871.3	60573.7	97571.8	37935.0	37.3

　図3-6に府道・町道の拡幅道路および新設道路の分布を示す．府道では両側買収を実施し，本町通では車道幅約7m，歩道と側溝約3.8mで計10.8m（6間），久美浜線では，幅10mに拡幅している（写真3-5）．追谷他（2002）は，本町通で1筆ごとの拡幅幅が0.5～3.8mと大きな差を生じている理由を道路の曲りを直線化したためと推定している．一方，町道17路線は片側買収が大部分を占め，側溝を含めて道幅は5～7mに拡幅された．最大の事業は泉新道の新設で，朝日線の拡幅とあわせて小西川右岸（川南地区）の過密住宅地区を南北に3分割した（写真3-6）．これは通行の便および防火帯として機能させる目的だったと推定される．さらに，津久田線の東側は農地であったが，そこに朝日線と早苗

写真 3-5　拡幅された本町通の現状（2009 年 7 月撮影）

写真 3-6　新たに開設された泉新道（2009 年 7 月撮影）

線を延長，泉新道を新設した。これによって小西川右岸の約 2 万 m^2 の農地が区画整理され，将来の市街地拡大に対応しようとする意図が読み取れる。

4）小林善九郎助役の貢献

　小林善九郎は昭和 3 年 8 月 25 日付で本町の有給助役に選任され，昭和 5 年 8 月 29 日に退職するまでの約 2 年間勤務した。小林助役はこれまで町史や郷土史において記述されることはなく，忘れられた存在だった。しかし，新発見の資料により彼が復興事業に重要な役割を果たしたことが明らかになった[8]。小林の履歴などの詳細については植村・奥田編（2014）の記載に譲り，以下では復興事業への貢献ついて述べたい。

　小林は大正 13 年 5 月紀伊郡吏から内務省復興局整地部に技手として出向，勤務した。主に，東京都心部の新道路網の建設をめざす区画整理事業に従事した。

写真3-7　小西川改修における小林善九郎助役（左から4人目）と太田静男町長（左から5人目）
（京丹後市教育委員会蔵）

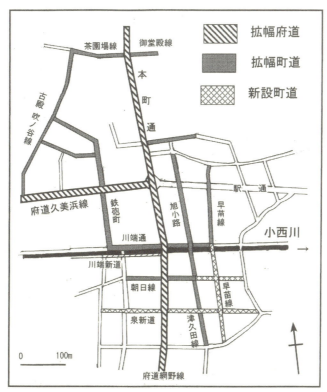

図3-6　峰山町の府道および町道の道路拡幅および新設　（注7)により作成)

こうした帝都復興事業の現場経験をもつ小林が当時の太田静男町長により請われて助役就任を受諾したと推定される（写真3-7）。昭和3年9月に単身赴任した当時，町は復興の中心的事業として府道2路線と町道18路線の改良拡幅工事を昭和3年6月末に竣工させていた。しかし，道路用地の境界と面積確定，用地の買収交渉が財源不足などにより停滞，地主らの不満が高まっていた時期にあたる。

つぎに，小林が関わった復興事業への貢献について述べる。

①赴任7ヵ月後の昭和4年4月25日に峰山町公報第1号が発刊され，退職直後の昭和5年9月の第14号まで発行が継続された[9]。小林がこれらを企画，実施したことは確実である。本町では復興事業の詳細について町民大会や説明会などを開催した記録がない。町公報は町政や復興事業の動向を町民に周知させるとともに，町政に新風を送り込む役割を果たしたであろう。

②在任中に，町役場，町震災記念塔，峰山小学校，丹後震災記念館など復興のシンボル的建築物が続々と竣工した。これらを予定通り完成させ，記念式典などを挙行することに尽力した。

③本町は府の方針に反して道路用地の買取りを決議した。しかし，資金不足による未払いに対して地主らの不満は大きく，用地問題が最大の課題となっていた。しかし，昭和4（1929）年5月に政府から道路費充当の8.6万円の起債許可が得られ[10]，10月30日には日本勧業銀行による代理貸付内諾（年利5分4厘，15年償還）があった。同12月に起債手続を完了し，地代支払いの準備が開始できた[11]。翌5年7月9日，計6万円を基礎として地代全部を支払うと町議会で報告している[12]。昭和5年7月以降に約9割の用地の譲渡契約と代金支払が終了，同年9月～12月の間に分筆，移転登記が完了したのであった[13]。小林在職中の昭和4年度内に財源が確保され，昭和5年には譲渡契約と登記手続きが進捗し懸案の用地問題が解決されている。これには，帝都復興に従事した経験や知識が用地境界と金額の確定，財源確保のため政府や銀行との交渉，地主との譲渡の交渉や契約などに発揮され，事業推進に大きく貢献したと推定される。

小林は昭和5年8月29日助役を辞任し，郷里の福知山へもどった。これは7月1日行待町長の辞職後，9月4日に中山総太郎の名誉助役就任直前で，資金の確保と買収交渉の目途が立った時点にあたる。

3-5 考察

1）激甚被害の発生要因

本町の市街地が壊滅的被害を受けた原因として以下の4点を指摘できる。1）市街地から約1km以内に高橋，新治，杉谷の3本の地震断層が活動し強烈な地震動が発生した。2）地震発生が冬期の夕食時間帯であり，かまどや火鉢，風呂や囲炉裏に火が入っており，多地点から発生した火災により全域が焼失した。3）陣屋町から引き継いだ狭小な道路と過密な住宅配置が延焼を拡大させ，避難や救

写真 3-8 震災前後の峰山市街地の変化 左上：明治 40 年代（絵はがき），右上：地震 17 日後（『奥丹後震災誌』），左下：地震約 1 ヵ月後（『写真が語る明治・大正・昭和の丹後』），右下：約 1 年後（京丹後市教育委員会蔵）

出作業の障害となった。4）倒壊により閉じ込められた多くの人が脱出，救助される前に火災により焼死したため，死亡率は約 24％と異常な高率になった。

2）復興計画の立案と特徴

地震 15 日後に町長と町の有力者が復興委員会の設置と委員の人選を決定している。さらに，8 日後の町会で道路計画や上水道復旧案などの復興計画を承認した。住宅の復旧作業などが本格化する前に，手際よく計画実施への道筋が作られたことは驚くべき事である。また，町民への説明会や意見聴取をした記録はなく，迅速な計画決定は町有力者らの独断的な意志によっておこなわれた。すなわち，住民には上意下達的に決められたものだった。また，復興委員には縮緬や機業の経営者など有力者が選ばれており，反対しにくい状況があった。

一方，焼野原状態の市街地は区画整理を実行する絶好の機会であった。しかし，復興委員らに土地整理事業の意志はなかった。関東大震災や北但馬震災の教訓から，①復旧住宅が再建される前に道路計画を決定，実施する必要があること，②区画整理が住民の反対や財政負担により長期の困難な事業となること，③豊岡町の事例では住民意見の尊重により復興計画が挫折したこと，などの点を学んでいた。結局，縮緬と織物に関わる営業活動の早期回復を最優先の目標としたため，短期間で迅速に実施可能な道路拡幅が最優先されたと考えられる。このため，狭隘な道路網や過密な地割は温存されてしまった。東部の水田に延長，新設された

道路網により，約 2 万 m² の農地を将来の発展に備えて区画整理した先見性は評価される。地震前後の市街地の景観変化を示す写真 3-8 によれば，約 1 年後に旧状に復した。

3）道路拡幅事業の実態

道路拡幅事業の多くは昭和 2 年度内に契約され，翌年 6 月末までに完了するというスピードぶりであった。個人の住宅などが再建される前に道路拡張を真っ先に実施したのだった。府道拡幅では両側収用とし，片側を 0.5 ～ 3.8m 幅で拡張した。その結果，道路幅は以前の約 2 倍の 10 ～ 11m に拡幅されている。

一方，町道は片側を収用し，5 ～ 6m 幅に拡幅されたものが大部分を占める。道路用地の時価買取りを決議したため，その財源確保に大きな労力を要することになった。用地買収は一部を除き町標準金額の 60％で実施した。

4）小林善九郎の貢献

内務省復興局から助役に転じた小林善九郎は昭和 3 年 9 月から昭和 5 年 8 月まで約 2 年間勤務した。この間に峰山町報を 14 号まで発行し，峰山町震災記念塔，峰山町新庁舎，峰山小学校新校舎などを予定通りに竣工させることに尽力した。最大の課題であった道路用地買収の財源は起債による許可を受けて確保，用地代金の確定や売買契約，登記などを昭和 5 年度内に終了させた。これには帝都復興の実務に従事した経験と知識，人脈などを生かして，復興事業の推進に大きく貢献した。

3-6 結論

1) 峰山市街地の潰滅的被害は 3 本の地表地震断層が約 1km 以内で活動して強い地震動が襲ったこと，過密な家屋と狭い道路網により倒壊後の避難や救助，消火活動を妨げたことが主要因である。
2) 市街地の死亡率が平均 24％，中心部の呉服，織元，白銀で 32％～ 44％と高率を示す原因は，倒壊家屋に閉じ込められ，救出前に焼死した人が多かったこと，および雇人や職工の死者が多く含まれるためである。
3) 復興計画や復興委員の決定は町長や有力者の独断により一方的におこなわれ，3 週間後の議会で承認された。復興事業は道路拡幅を最優先に実施，約 1 年半後にはほぼ終了した。これに関する住民への説明会や意向聴取をすることなく推進され，また過密な土地区画や道路網を改善する方針はとられなかった。それは縮緬や織物関係の営業を早期に再開するためと，資金と時間を要する困難な区画整理事業を回避したためと推定される。
4) 拡幅は府道 2 路線で両側を収用，町道 17 路線で片側収用を基本に実施した。泉新道が市街地を割いて新設された。道路用地に関する交渉は資金難のため約 3 年後まで遅延したが，昭和 5 年度内に町標準額の約 60％で買収された。これは他町村が無償提供を決定したのとは対照的である。

5) 小林善九郎は東京市の帝都復興土地区画整理に従事した経歴から有給助役に抜擢され，昭和3年9月から約2年間勤務した。この間，町公報の発行，役場や小学校，記念館などの新築事業を推進した。そして，道路用地の買収財源を確保し，売買契約や登記を昭和5年度内にほぼ終了させることに大きく貢献した。

注

1) 明治6年頃作成の『峯山町地引絵図』より編集した。原図は京丹後市丹後古代の里資料館編（2006）『絵図から見る峯山城下町』，平成十八年度丹後古代の里資料館夏期企画展示図録に収録されている。
2) 京都府立総合資料館蔵　昭2－0135『震災情報』
3) 京丹後市役所蔵『昭和二年議会一件峰山町役場』
4) 京都府立総合資料館蔵　昭3－199『府下市町村道路計画ニ関スル件』昭和三年土木部
5) 京丹後市立峰山図書館蔵『震災焼跡整理費契約書』昭和二年　峰山町役場
6) 長谷川房次郎（1881～1940）は京都市上京区下長者町通七本松東入利生町293に住所をもつ会津小鉄一家いろは組二代目組長。墓は上京区五番町の国生寺にある。彼は丹後の出身だが，どのような経緯で峰山町の事業に関わったのかなどは今後の課題である。
7) 京丹後市立峰山図書館蔵『府道潰地調書』昭和二年，『町道潰地調書』，『町府道潰地一件綴』昭和五年　峰山町役場
8) 福知山市拝師の小林家に保存されていた小林善九郎関係の資料群が公開された。植村善博・奥田裕樹編（2014）に詳細な記載がある。
9) 京丹後市教育委員会蔵　『小林善九郎関係文書』M1～M14 峰山町公報
10) 京丹後市教育委員会蔵　『小林善九郎関係文書』M2　峰山町公報第2号
11) 京丹後市教育委員会蔵　『小林善九郎関係文書』M8　峰山町公報第8号
12) 京丹後市教育委員会蔵　『小林善九郎関係文書』M15 事務引継書類
13) 京丹後市立峰山図書館蔵『道路敷地潰地売渡証及登記済証』昭和五年　峰山町役場

付記：表3-4，表3-5，表3-6において支払金額が坪数，坪単価と一致しないのは注7)の数値をそのまま採用しているためである。

第4章

1927年北丹後地震と網野町網野区

4-1 はじめに

　北丹後地震では郷村・山田両地震断層が出現し，断層近傍に位置する集落は潰滅的な被害を受けた。網野町では郷村断層が町域を縦断したため多大な被害を被った。とくに，日本海に面する低地に位置する網野区は断層から1km以内にあり，火災が発生したこともあって深刻な被害が発生した。しかし，復興に当たって困難な区画整理事業を実現させている。本町に関する被害や復興過程については京都府（1928）や網野町誌編さん委員会（1992）により概略が紹介されているだけで，詳しい研究は進んでいなかった。本章では網野町および網野区における被害の特徴と発生要因，復興計画と区画整理の実施過程について主に旧町役場や網野連合区の文書，個人所有の資料類を用いて明らかにしていく。

4-2 網野町の地理・地形環境

1）地理

　網野町は峰山町の北約7kmに位置する竹野郡の中心地で，丹後縮緬の一大生産地として発展してきた（図4-1）。地震前（1925年）に1,085戸5,836人で，農業39％，機業16％，その他工業11％，商業15％，漁業8％と多様な職業構成を示す。特に，機業は年生産額600万円を超える最大の産業で，約1,300人の職工を雇用していた。当時の本町は網野，淺茂川，小浜，下岡の4区から構成されており，網野区は郡庁舎や町役場，学校，金融機関，商店などが立地する中心市街地を形成していた。しかし，本区は近世まで湿田が広がる排水不良の湿地帯であり，砂丘の縁にのみ民家が並ぶ状況だった。明治以降に縮緬産業が隆盛して丹後各地から人が流入し，市街地が湿地を埋め立てながらスプロール的に拡大してきた。このため，市街地は都市計画をもたず，迷路状の狭い道路と両側に住宅や工場が密集する不良住宅地域とよぶべき状況であった。

2）地形

　本地域の地形分類を図4-2に示す。高度100〜200mの定高性をもつ丘陵地が卓越し，南から北へながれる諸河川により沖積低地が形成されている。最大の福田川低地は下流に網野市街地が位置し，海岸付近に砂丘と浜堤が発達する。丘陵は主に宮津花崗岩類と中新世の北但層群から構成され，樹枝状の侵食谷に刻まれている。花崗岩は地表から数10mの厚さで深層風化を受けている。丘陵縁辺

第4章　1927年北丹後地震と網野町網野区

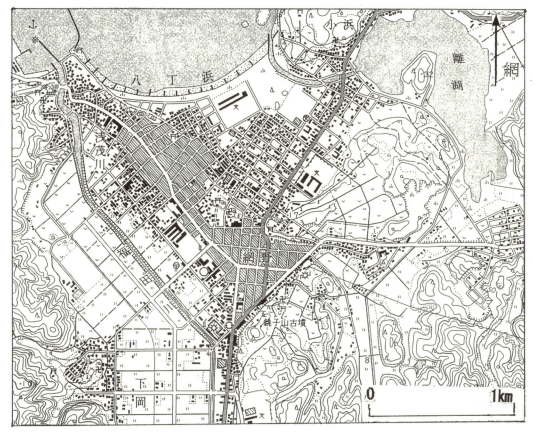

図4-1　網野町の地形図（2.5万分の1 網野，昭和60年修正）

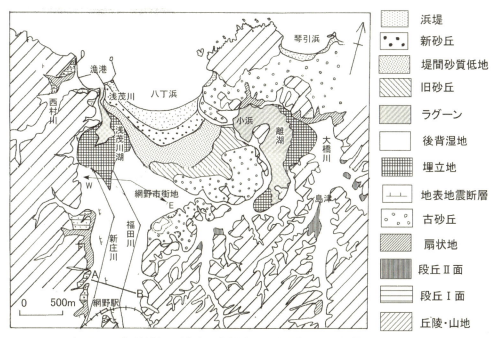

図4-2　網野町の地形分類図（空中写真判読と野外調査により作成）

には段丘が断片的に付着し，下岡付近に台地状の発達をなす段丘I面は風化した河成砂礫層からなり高位段丘に対比される。砂丘は古砂丘，旧砂丘，新砂丘に3区分される（角田 1982）。古砂丘は市街地を取り囲み，離湖西岸から北岸にかけて広く分布する。網野付近では高度15～25mの台地状地形を示し，黄褐色の風化した細粒砂層からなる。旧砂丘は高度5～15mで起伏をもち，小浜から網野市街地西部まで弧状に分布し，網野神社などがのる。新砂丘は浜堤の背後に分布し，旧砂丘との間に砂質の堤間低地が発達する。砂丘や浜堤の発達により低地の排水が阻害され，砂丘背後に浅茂川湖および離湖のラグーンが形成された。両湖とも近世以降の埋立てにより水田化され，水域は縮小してきた。福田川低地は幅600～700mの箱形の沖積地をなし，福田川および新庄川が流れる。網野駅付近で高度約5m，網野市街地で高度1～3mで，低地の勾配は0.25％と極めて緩い。大正期には耕地整理事業による整然とした地割が施工された。

3）地質

福田川低地は西縁を郷村断層系により限られた断層角盆地である。地震時には低地西部にN 20°W走向で断続的に郷村断層による地表変位が出現した（松田・岡田 1997）。市街地は地表地震断層から直線で東へ600～1000 mの距離にある。図4-3は低地の東西地質断面である（図4-2のE－W）。地下には沖積基底砂礫層の上位に厚さ約30 mの完新層が発達し，下部にK-Ahテフラ（7千年前）をはさむ。上から下へ上部砂層，上部泥層，中部泥層，下部砂層に区分される。中部泥層（N値＝1～3）が厚く堆積しており，層厚は20～25 mに達する。東部で上部砂層が厚さを増し，泥層をはさんで上下に2分される。本地域では3千～8千年前の間ラグーン的環境が継続していたことを示す。市街地の大部分はラグーンの埋立地に位置し，表層に上部砂層（中粒砂，N＝5～10）と上部泥層（シルト，N＝1～3）が分布する。

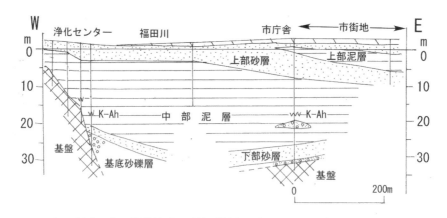

図4-3 網野低地の東西地質断面図（断面位置は図4-2のW—E）

写真 4-1　網野区の被災直後の状況　本覚寺より北をみる（森真一郎氏蔵）

4-3　網野町および網野区の被害実態

　3月7日夕刻の強い地震動により網野町全域で大きな被害が発生した。網野区では地震直後に多くの家屋が倒壊，5ヵ所（19ヵ所ともいわれる）から出火して約9時間燃え続け，翌8日の午前4時過ぎにようやく鎮火，市街地の大半が焼野原となった（写真 4-1）。住民は着の身着のままに周囲の砂丘に避難し，燃えゆく町を呆然と見下ろすだけであったという（網野町誌編さん委員会 1992）。浅茂川区では3ヵ所から出火して23戸が全焼，下岡区では8ヵ所から出火し274戸を焼き尽くして7時間後に鎮火した（京都府 1928）。網野町の区別被害状況を表 4-1 に示す[1]。最大被災地は地震断層が通過した下岡区で，全壊86％，焼失を合わせて99％，死亡率11％と壊滅状態になった。網野区では全壊率44％，焼失率49％で，死亡率も8％と下岡についで高率である。これに対して，砂丘や浜堤に位置する浅茂川区と小浜区では全壊率は4割程度で，焼失率約5％，死亡率2％程度と軽微だった。

　網野区では公的機関の被災も深刻で，町役場，郵便局，小学校，公会堂，網野神社，丹後縮緬同業組合支部，精練工場は全壊，警察署は半壊，裁判所，登記所，丹後商工銀行，網野町信用組合などが全焼し，町の行政・経済機能は停止した。地震前の網野区の地割に被害状況を示したのが図 4-4 である[2]。本区は浅茂川および島津への街道と砂丘に囲まれた三角形の市街地を形成しており，入り組

表 4-1　網野町4区の被害状況（注1）により作成）

区	総戸数	焼失数	全壊数	半壊数	全壊率	総人口	死者	負傷者	死亡率
網野区	514	254	227	33	44.2	2409	199	188	8.3
浅茂川区	423	22	173	210	40.9	2460	39	114	1.6
下岡区	121	16	104	1	86.0	510	54	47	10.6
小浜区	93	2	43	47	46.2	457	10	55	2.2
総計	1151	294	547	291	47.5	5836	302	404	5.2

表 4-2 網野区 1 〜 7 組の被害状況（注 3）により作成）

組	家族数	人口	死者	死亡率	重傷・不具	軽傷	全壊	全壊率	全焼	全焼率
第1組	66	374	16	4.3	12	19	46	70.0	3	4.5
第2組	58	273	14	5.1	20	10	38	65.5	11	19.0
第3組	62	268	38	14.2	18	8	8	12.9	54	87.1
第4組	87	374	42	11.2	29	36	13	14.9	74	85.1
第5組	87	353	30	8.5	25	21	23	26.4	61	70.1
第6組	75	315	32	10.2	20	33	27	36.0	46	61.3
第7組	77	319	19	6.0	19	11	65	34.4	8	10.4
総計	512	2,276	191	8.4	143	138	220	43.0	257	48.2

んだ道路と過密な家屋群が特徴的だ。表 4-2 は網野区 7 組の被害状況を示す[3]。1，2 組の全壊率は約 7 割に達するが，全焼率は 5％と 19％に過ぎない。3，4，5，6 の各組では全焼率が約 6 〜 9 割と高い。表 4-2 の全壊数は焼け残った戸数であり，全焼家屋数には全壊して燃えた家屋を含む。すなわち，3 〜 6 組は全壊・全焼が 9 割以上に達する激甚地区であり，死亡率も約 9 〜 14％と高い。図 4-4 や地震直後の写真から以下のような被害状況が推定される。

　①市街地の東半分（3 〜 6 組）は完全な焼失地域となった。②砂丘北縁に接する島津街道沿いには倒壊，焼失をまぬがれた民家がかなりある。③浅茂川街道沿いには建築年代の新しく被害の少ない家屋が並んでいる。④西部（1 〜 2 組）で

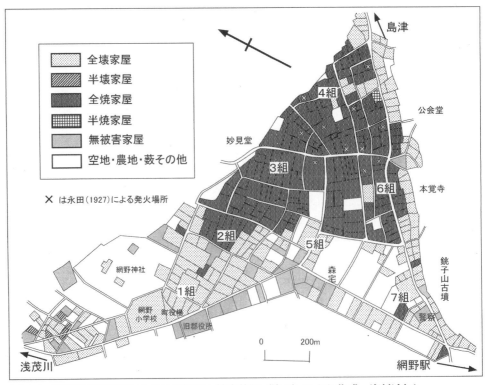

図 4-4　地震前の網野区における地籍図と被害状況（注 2）により作成，資料追加）

写真 4-2　テントで再開された網野町役場　左：浜岡助役，右：山下光太郎
（『写真が語る明治・大正・昭和の丹後』による）

は半壊や無被害の建物が多い。なお，家を失った罹災者は親戚や友人などを頼って浅茂川や小浜，竹野・熊野両郡の被害軽微な地区へ，また国鉄の無賃乗車により京都へ避難している。その後，バラック住宅に入居するものが多かったという[4]。

4-4　網野町の緊急対応と復興計画

1）網野町における緊急対応

　本町の地震から復興までの経過を表 4-3 に要約した。町役場は全壊，上山彌之助町長（下岡区）は自宅倒壊のため負傷という厳しい状況になった。このため，元竹野郡役所広場にテントをはり役場事務を再開した（写真 4-2）。3 月 11 日には山下光太郎を説得して臨時雇として職員に迎え，彼を中心として緊急対応にあたる体制を整えた。1 ヵ月後の 4 月 8 日に山下は助役に就任している[5]。京都府は 10 日に震災救護出張所を網野に設置，約 20 名の職員を出張させ，4 月 7 日閉鎖までの約 1 ヵ月間，救護事務に従事している。一方，8 日正午に海軍第 9 駆逐隊の椿が浅茂川港に到着，警察警備隊や府の救護班と救援物資などを陸揚げした。9 日午前中にも駆逐艦槇と椿は救護品と海軍救護班を陸揚げした。10・11 両日は天候不良で着岸できず，12 〜 14 日と海上輸送はつづけられた（小林 2009）。9 日に第 16 師団工兵大隊が陸路を峰山・網野に到着，ただちに道路や鉄道などの復旧活動に従事した。網野峰山間の道路は赤坂峠で大規模崩壊のため不通になっていたが，軍の作業により 12 日には仮復旧し，トラックによる物資と人員の輸送が可能になった。鉄道は 14 日に網野－口大野間，21 日には網野－京都間が復旧，救援物資や人員の輸送が加速度的に進んだ。16 日に第 3 師団工兵第 3 大隊の約 100 名が網野小学校に到着，グラウンドに幕営し 24 日ま

表 4-3 網野町の震災関係年表

年 代	月 日	事 項
1927年（昭和2年）	3月7日（月曜日）	18時27分 M7.3の地震発生，郷村地震断層が下岡・郷・生野内を通過して出現 網野町で死者302名，負傷者404名，全壊547戸の被害 町役場，小学校，警察署，郵便局など全壊，5ヵ所から出火して294戸を焼失
	3月8日	午前4時頃鎮火，網野区長森元吉が全7組長を招集，救出や役場との対応を協議，炊出しを開始
	3月9日	昨夜からの大雨で福田川が氾濫し被災地に浸水，駆逐艦樅が浅茂川港に救護班や救援物資を輸送
	3月10日	網野区組長会を開き，区画整理と沈下地の埋立実施を確認
	3月11日	組長が区画整理案をもって避難住民を回り，ほとんどの同意書を得る
	3月12日	京都網野間の道路復旧
	3月14日	網野―峰山―口大野間の鉄道復旧
	3月17日	工兵第三大隊が網野小学校庭に幕営し，バラック建設などに従事
	3月21日	京都網野間の鉄道復旧
	3月22日	網野小学校がテントなどに分散して授業を再開，バラック住宅202戸を建設（31日には312戸に増加）
	3月24日	町会で復興委員20名を選出，機業・農蚕・商業の3部に分ける
	3月26日	神戸婦人同情会が島津村で託児所を開設（4月13日には小浜区にも開設）
	3月28日	兵庫県救護団を最後に外部団体がほとんど引きあげる
	3月29日	網野町第1回復興委員会を開催，小学校復興，道路・宅地計画，衛生計画，役場建設の事業と予算を協議
	3月30日	町長名で『町民諸君に告ぐ』を配布
	4月21日	復興委員設置規定を改正し30名に増員，土木建築・教育・機業・農蚕業・商業の5部に分け，部長と部員を決定
	4月27日	午前10時から町葬を心月寺（曹洞宗）にて執行
	4月	復興委員会が倹約実行事項を決める
	5月24日	網野町第1耕地整理組合・震災害復旧組合を設立
	5月末	復興住宅は本建築70戸，半永久建築100戸で計36%に達する
	6月末	復興住宅は本建築126戸，仮建築159戸，建築中57戸に達する
	7月1日	網野小学校の仮校舎竣工
	7月7～13日	峰山町の中郡役所跡地で復興展覧会実施（主催は生活改善同盟会京都支部），網野と山田での開催は中止
	7月12日	耕地整理組合からの府補助金支給嘆願書に上山町長が副申書を付して府知事へ提出
	11月5日	網野区耕地整理組合が府の認可を受ける，創立総会を開催（組合員386名，宅地面積約5万坪）
1928年	1月10日	耕地整理事業が着工
1929年	6月30日	網野神社の拝殿，本殿が竣工
1930年	5月3日	網野小学校の新校舎落成式
	10月30日	網野町東部耕地整理組合第1区の工事が完了

で網野町の各地区でバラック住宅建設に邁進して約500戸を完成させた（石井1927）。70人の1中隊で1日平均約70戸を建設したという。軍の撤退した29日以降は京都府や諸団体が中心になって公営バラックを完成させた。竹野郡の主な集落ごとのバラック住宅建設の進捗状況を図4-5に示す[6]。網野区では3月16日から31日までに312戸を建設，その65%は22日までに完成している（写真4-3）。他の地区では20，21日から建設が始まったものが多く，島津では20日から開始し24日に網野と同数の200戸に達している。バラック住宅は木造ト

写真 4-3　地震 1 ヵ月後の網野区とバラック住宅（『奥丹後震災誌』による）

タン葺き，5～10戸の連棟が普通で，1戸当たり4畳板間に半畳の土間つきで1家族が入った。本町の救護には府立医科大学を中心とする京都府救護班および赤十字社京都支部が中心的に活動した。22日医科大学の引上げ後は赤十字社が全面的に引継ぎ，元竹野郡役所（2階建）を病院とし医師3名，看護婦8名で治療にあたった。これは5月31日に閉鎖されるまで，多数の被災者を救護したのである。また，キリスト教会関係者が福田にテントを設営して救援活動をおこない，託児所を現網野連合区事務所付近に開設した（後に幼稚園に発展）。また，大正5年に城ノブが開設した神戸婦人同情会は小浜と島津に託児所を開設し，9月の閉鎖までにのべ1.2万人を預かったことが注目される（写真4-4）[7]。7月

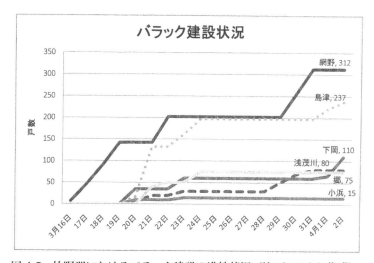

図 4-5　竹野郡におけるバラック建設の進捗状況（注6）により作成）

写真 4-4　神戸婦人同情会による島津村の託児所（『奥丹後震災誌』による）

7日から13日の復興週間中に峰山町を中心に復興展覧会や罹災処女会員の追悼会などが実施され，網野町では耐震住宅の講演会がおこなわれた[8]。

2) 網野町における復興計画

　当初の網野町の方針は，「復興計画を検討するに，町単独の行動はせず縮緬業組合と協力し低利の資金を中央に向かい請願する」というもので，経済復興を中心に考えていた[1]。3月20日の町会では府の要請に応じて，府道5間，町道2または3間に拡幅し，用地は無償寄付することを決めている。3月24日の町会で網野町復興委員会の設置を決め，上山町長が復興委員長についた。そして，選挙により20名を選出，機業部，農蚕業部，商業部の三部に分けている[1]。復興委員は震災の被害調査および復興に関する一切の事務に従事するとしている。29日午前8時から第1回復興委員会を開催し，小学校復興費（188,100円），道路・宅地計画費（658,100円），衛生計画費（105,000円），役場建築計画費（208,500円）計972,050円（ママ）が協議されている[3]。4月4日午前9時より震災被害調査のため復興委員会を開催した[8]。その後，復興委員会内規を改正，定員を30名に増員し任期を4年の名誉職とした。構成員は町会議員より6名，各区長4名，残り20名は公民より選挙で選出することとした。4月21日には30名の委員を決定し，①土木・建築（岡本），②教育（濱岡助役），③機業（前川政直），④農蚕業（由利峯蔵），⑤商業（河田源七）の5部（かっこ内は部長名）に分け，総合的な復興を目指すようになる[3]。なお，3月30日付けで町長は『町民諸君に告ぐ』を発し自力復興への努力と町復興への奮闘を促した[8]。4月23日には復興委員会が『倹約実行事項』を決定，印刷して各区に配布，掲示して一致実行するよう求めている。1ヵ月後の4月6日10時より震災死亡者の追悼会

を網野小学校庭で実施，ついで町葬が4月27日10時から心月寺において執行された[1]。

4-5 網野区の対応と復興区画整理

1) 緊急対応

網野区では地震翌日の8日朝，区長の森元吉が全組長7名（区長代理は死亡，5組は負傷のため欠席）を召集し，①区長宅を本部とし役場との連絡に当たる，②組ごとにバラックを建て調査や物資配給の拠点とする，③米10俵を購入して役場で炊出しを開始する，などの応急処置を決めた（井上1972）。8日夜から9日にかけて強い降雨と雪に見舞われ，避難民は屋外で寒さと雨と雪にさらされた。さらに，福田川の水位が急上昇して堤防高まで達した。幸い決壊には至らなかったが，地盤の沈下と排水不良により被災地が浸水したという。10日に開かれた組長会で，森は関東大震災や北但馬震災を視察した体験から復興事業の重要性を説明，過密で不衛生な網野区の埋立てと区画整理の必要性を強く訴えた。協議の結果，万難を排してこれらを実行することを決定した。翌11日には組長が避難中の住民を訪ねて計画の概要を示し，ほぼ全員の同意を取り付けることができた。同意書の8割は拇印であったという（井上1972）。

31日の町会において市街地の区画改正と道路整理の計画を立て，府道変更の承認を府に求めている。町助役に就任した山下は震災を機に網野区の迷路状の道路や排水不良など劣悪な居住環境を改善する決意をもっていた[5]。幸運にも，山下助役と森区長は区画整理が必要と考える点で一致した。両者は復興計画の目標を共有，町と区との協力体制ができ上がった点は重要である。上山町長は4月18日に森への文書で復興計画に賛意を示し，1町以上の地主の耕地整理地区への編入同意書を作り耕地整理組合設立の準備をすること，京都府に技師の派遣を乞うことを勧めている[8]。5月9日には，大正期に設立された第1耕地整理組合長山中九兵衛から知事へ出された災害耕地整理のため技師と事務官の派遣申請に副申を添えて送付した。5月23日の町協議会では町道改築費および網野区の区画整理費への支弁について議決した[1]。そして，5月24日に震災害復旧組合設立委員会並びに第1耕地整理組合会を開いている。ここでは既存の耕地整理組合に網野区の宅地部を編入，震災害復旧として耕地整理法による区画改正の実行案が承認された。震災害復旧組合は耕地整理組合と同組織であり，互選により組合長山中九兵衛，副組合長森元吉と堀新蔵，他に10名の評議員が選ばれた[9]。5月29日には，全組長と42名の委員および4名の町会議員が出席して網野区委員会が開かれた。組合の事務所費は地主が負担し道路敷地も地主が提供すること，町道は町の負担とし宅地の埋立ては町が4割を負担すること，町道に面する家屋の移転費は6割を町が補助すること，などが確定したと報告している[3]。そして，宅地の埋立工事費に約1.5万円を借り入れ15年賦償還すること，砂丘

写真 4-5　網野区の組長と関係者（昭和 3 年 3 月 7 日心月寺にて撮影，森真一郎氏所蔵）
　　　　前列左から三組長：関安蔵，収納係：平松萬吉，六組長：八木安蔵，五組長：梅田郡平，
　　　　七組長補欠：松本松蔵（代吉岡梅治），小使：松村與之助，
　　　　後列左から副組長補欠：糸井悦三，一組長：森田辰之助，区長：森元吉，四組長：
　　　　河口音蔵，材料方：梅田菊蔵，配給係：前田重信，二組長：松見米治

の崩壊復旧工事に区費をあてることなどの提案を協議した。以上の案件を記名投票により 33 対 9 で可決した。ここで組合費や道路敷の負担，埋立や移転費用の負担割合など重要な案件が決定された[3]。この内容から震災害復旧として耕地整理による事業実施のための条件が整えられたといえる。また，町役場との連携や区長と全 7 組の組長らが目標に対して一致協力できたことが重要であろう（写真 4-5）。

2）区画整理事業

①実施上の問題点

本事業には多くの困難が待ち受けていた。しかし，事業への不退転の決意と住民の総意を示して乗り越えた。

第 1 に整理地区内の多くの土地や建物に所有権や担保権をもつ丹後商工銀行が強固に反対した。森は頭取（寺田惣右衛門）や重役（中村治作，萩原光蔵）との会談で，この整理計画を断固実行する決意を示し，網野地区の劣悪な環境が改善されれば地価は上がると力説して説得に成功，ついに承認を得た[10]。

第 2 に，以前には計画に賛成した区の有力者から強く反対する者が現われた。組合創立総会も不穏な状況があるため，刑事 2 名が立ち会ったほどだった。

第 3 の大きな障害は，地方の市街地には都市計画法が適用されず，事業資金

写真 4-6　網野町東部耕地整理組合第1区事務所および関係者（昭和3年撮影，森真一郎氏所蔵）
（左から測量士：梅田庄右衛門，小使：上田清吉，工事主任：森元吉，設計係：奥村英治，書記：山本源治郎，小間使：嵯峨根武男，）

の獲得見込みがないことから京都府および税務署が事業を認めようとしなかった。森や山下らは強い意志をもってこれらとの交渉にあたり，粘り強い説得交渉をおこなった。特に，浸水した市街地を農地扱いとし，耕地整理法を適用して補助金を獲得するという案をひねり出した。そして，濱田知事との直接交渉により計画の重要性と区民の総意を伝えて支持を取り付けることに成功，4月27日上山町長が大阪税務監督局長へ宅地整理のため地目変換の申請を提出した[1]。また，次の杉山知事もこれを認め，整理地区の地目を畑に変換し耕地として峰山税務署に登録することができた。

②耕地整理の実施過程

5月24日以降，網野町東部耕地整理組合は倒壊をまぬがれた森元吉所有地の建物に事務所を置いて活動を開始した。測量工事主任に梅田庄右衛門，設計奥村英治のほか2名が従事した（写真4-6）。整理対象地区は市街地が大部分を占める第1区および農地を主とする第2区（通称奥山地区）から構成されている。事業は第1区を中心に進め，府の組合認可前から先行して市街跡地の埋立を実施した。北側の桃山の砂丘からトロッコを引き，失業者や朝鮮人労働者らを雇用して砂丘を掘削，砂を運搬して約1尺地上げする工事を継続，8月にはある程度の進捗を示した。7月12日には上山町長は宅地整理委員長河田源七ら7名から府知事へ提出する宅地整理費補助金の下付請願書に対して副申を添えてこれを支持している[1]。この間，京都府から派遣された谷本都市計画技師が中心となり，

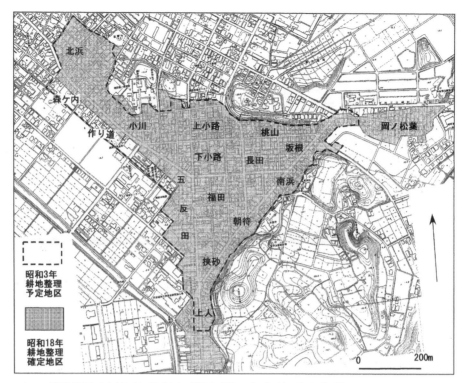

図 4-6 耕地整理予定地区と確定区の範囲（注 12）などにより作成）

　道路の設定と宅地割など区画整理計画の立案などをおこなったという。
　区画整理の実行には財源の確保，地主や地権者との利害調整，境界紛争の解決，残存家屋の撤去と移転補償など多くの問題が生じる。一方，区民からは本建築を建てられぬ不満が高まってきた。このため，8 月には新区画の土地の仮交付を行い，決まった者から建築を許可することにしている。
　昭和 2 年 9 月大海原知事に組合の認可申請を提出，同 11 月 5 日に京都府の正式認可を受け河田源七を委員長とする網野町東部耕地整理組合が設立された。第 1 区の施行地区は宅地 548 筆，11 町 5207 歩，田 89 筆と畑 158 筆で 8 町 11 歩など，面積約 20 町 9522 歩，組合員数 386 名から構成されている。これに第 2 区の約 46 町が付け加わる。整理前の宅地坪数 50,500 坪は整理後 46,400 坪に減じており，減歩は約 4,100 坪（8％）に達する。11 月の時点で埋立工事は約 8 割まで進行したといわれ，10 月 30 日には復興住宅は建築済と工事中のものを合わせて約 70％に達した[1]。
　しかし，耕地整理法による補助金が支給されなかったため，財源はきびしいものとなった。資金は種々の人脈を頼って日本勧業銀行より 2.5 万円を借入れ，府から網野町に支給された焼跡整理費などから約 3 万円を借入れる事ができた[10]。耕地整理第 1 区の事業予定地は図 4-6 における点線で示す範囲であり，網野市街地をカバーする三角形をなす。工事は昭和 3 年 1 月 10 日に着工，約 2 年 10 ヵ月を要して昭和 5 年 10 月 30 日に竣工した。工事中にも資金不足や労

表 4-4　耕地整理組合の収支
（井上 1972 による）

収入の部	円
網野区補助	12,000
網野町助成金	8,083
雑収入	1,300
接続地負担	2,000
合計	23,383
支出の部	円
工事費	38,200
事務所費	9,200
借入金利子	600
雑支出	100
合計	48,100
収支差額	−24,714

動力の不足，反対派の妨害など数々の困難が発生したが，これらを不断の決意と協力体制によって乗りこえ実現させた。表 4-4 は組合会計の収支である。最終的には 24,714 円の赤字となり，これを組合員の負担として徴収した（井上 1972）。しかし，負担金を払えない 60 数人には宅地の差押えや公売をおこなったという。一方，第 2 区の整理事業は戦中の昭和 16 ～ 18 年度に実施した記録があり，府への補助金を申請した。さらに，昭和 18 年に東部第三耕地組合の名で網野第 1 区の登記申請をおこなっている[11]。

③区画整理事業の特徴

図 4-6 に耕地整理の対象予定地区と確定地区を示す[12]。両者を比較すると対象地区の増加が著しい。東部の岡ノ松葉や南部の上人地区が新たに追加されており，浅茂川への府道西側には編入されなかった部分がある。図 4-7 に市街地中央部の新区画を示す。ここでは浅茂川への府道とその延長，および小浜への道路（現国道 178 号）の南北道路を基準道路とし，これらに直交する格子状の街路を新設した。全ての道路に排水溝を設置し，交差点は角切りを実施した。外縁の不規則な形状を含めて約 38 個のブロックを設定した。東西道路としては本町通が中心道路であって市街地を南北に分けている。丹後商工銀行の所有地は中心部に広い面積を占めて分布していた。図 4-8 には松原通と本町通間の宅地割を示す。日当たりを考慮

図 4-7　網野区中心部の市街地（昭和 53 年測図，2.5 千分の 1）

写真 4-7 地震 1 年後の復興した市街地の景観 松原通を西に望む（森真一郎氏所蔵）

して南北道路は東へ 5 度偏して設定されている。代表的なブロックは 100m × 50m の長方形ブロックをなし，全家屋の間口が道路に面するよう配置した。南北面には各 5 戸を置き，中間部は東西に背割りして平均 20 〜 23 戸を配置している。図 4-8 から明らかなように，画一的な地割は採用していない。

　復興住宅は昭和 2 年 10 月末には約 7 割，翌年 3 月頃に約 9 割が再建された。府による耐震建築の普及活動の結果，トタンやスレートの軽量屋根材が多数を占めたが，耐久性や取り替えの煩雑さ，雪下ろし時の問題などから早い段階で瓦屋根にもどってしまった。道路幅は実測の結果，国道 178 号，府道浜詰線や岩滝線では幅約 9m（排水溝幅 2m を含む），松原通は幅約 6m（排水溝幅約 1m を含む），その他の道路は幅 4.5 m 〜 5.5m である。町道では本町通のみが幅 9.5m（側溝の 1.7m を含む）と府道と同じ広さを有する（写真 4-8）。計画には歩道や公園，

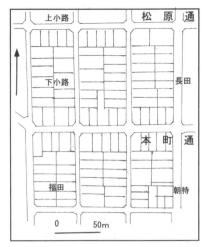

図 4-8 区画整理後の新地割，松原通と本町通の間（注 12）により作成）

写真4-8　網野中心部の府道（左），中央は一方通行の町道（2010年7月撮影）

緑地帯は設定されていない。写真4-7は1年後の復興景観で，手前の瓦葺残存建物を除きトタン葺平屋建が大多数を占めている。

3）地域リーダー

①森元吉

地震当時の網野区長だった森元吉は潰滅的被害を受けた市街地の復興に情熱を傾けて取り組み，組長や区民の協力をえて困難な区画整理事業を実現させた。地元では森の復興への貢献はよく知られており，評伝（井上1972）や顕彰会の建立による翁顕彰碑もある。彼自身の手になる復興記録も残されている[10]。森は網野の農家の長男として出生，20才で府の農事講習を受講して測量技術を習得している。その後，網野村技手として農業土木担当者となり，大正期の福田川改修および網野町耕地整理組合の実務に従事することになる。これらの経験と知識が網野区の区画整理計画を立案，実行する力量を養ったことは間違いない。21才で北丹教会の難波宣太郎牧師と出会った森はキリスト教に強い関心をもち，保守的な丹後の風土の中で信仰活動をおこなった（竹中2001）。30才でプロテスタントの受洗を受け，当時，白眼視されたキリスト教への強い信仰心が彼を支えた。そして，震災は網野をよりよい町に作りかえる神が与えた機会だと考え，困難な区画整理事業を決意，多くの困難を乗り越え区民をはじめ町や府を説得して目的を果たすという強い使命感と精神力を有していた。区画整理の実施に当たって，無一文になる覚悟であることを家族に説いている[10]。また，丹後商工銀行との土地交渉の際，副頭取中村治作（当時峰山町長を兼務）との対話を紹介しておこう。森「峰山も進んで区画整理をやられたらどうです。お互い相援けて整理をしてはどうです」。これ対して中村「峰山にはおまえのようなアホウはおらぬ」，森「今アホウなきが故に後世悔いを遺すの嘆きなきかだ。いかに反対なさろうと

も急度所信を貫徹してみせます」[10]。整理地区の約半分の土地の所有権や抵当権をもつ銀行との交渉において，強烈な信念と自信が発露している。

　②山下光太郎

　地震時，自宅で被災した山下は郡役所退職後の失業中で，翌年から縮緬同業組合の主事に内定していた。しかし，役場へ出仕を強く説得され町の臨時雇となり，1ヵ月後には助役に就任している。彼は復興期間中に町助役を務めたが，実質的な責任者として町政の実務を取り仕切っていた。山下の復興への貢献はほとんど知られていない。彼の手記[5]および家族への聞き取りにより復興事業への寄与について述べる。山下は下岡区の農家に生まれ，幼児から俊敏で知られていた。15才で竹野郡役所給仕に採用され，後に事務員に昇進した。この間，京都府の農事講習会を受講し，測量技術を習得している。地震4日後に強い説得により役場へ出仕，かれの俊敏な行動力，郡役所時代に培った国や府との人脈が非常時に必要とされての勧誘であっただろう。山下は信念と情熱の森とは異なり，公平かつ先見性をもつ実務的な役人であった。2人はともに農事講習を通じて測量を習得しており，震災は網野区の住環境を根本的に改革する区画整理実施の絶好の機会であることを理解していた。網野区の総意による区画整理の府へ取次ぎや交渉の窓口は役場であり，その対応は極めて重要である。被災市街地の耕地整理による事業実施にあたり，知事や税務署を説得することが必要であった。山下と森が共通の目標に向かって協力できて初めて可能になった。また，区画整理の実施に当たって，道路用地や仮設住宅の移転などの町費負担，反対者への説得なども役場の責任で行われている。復興事業を陰で支える実務は山下助役の冷静で公平な決断のもとにおこなわれたと考えられる。なお，山下は昭和13年に助役から網野町長に選ばれ，6年間その職にあった[5]。

4-6　考察

1）網野地区の被害と発生要因

　網野町の全域で震度Ⅵ以上の強い揺れが襲った。地震断層が通過した下岡区では全壊と火災により潰滅状態となった。網野区でも約9割が全壊または焼失した。地震断層から約1km離れた網野区は砂丘背後の後背湿地の埋立地に発達し，厚い軟弱な沖積層と人工盛土が地震動を増幅させたと推定される。また，焼野原状態になった市街地東半部では北の砂丘縁まで焼失したのに対して南部の島津街道には延焼していない建物がならぶことから，南風により北へ延焼していった可能性が高い。浜堤や砂丘上に位置する浅茂川区と小浜区では全壊と全焼を合わせて約5割と被害は軽微であり，地震動が比較的弱かったことを示す。

2）復興区画整理事業

　網野区長の森元吉は震災を劣悪な住環境を根本的に改良する機会と考え，区画整理の実施を決断する。7人の組長の意志を統一，11日には避難中の住民9割

から同意書を集めるというすばやい行動をおこした。一方，山下光太郎助役も区画整理の必要性を認め，町助役と区長が共通の目標に向かって協力することになる。両者の不退転の決意が困難な区画整理を実現させた原動力になった。市街地が浸水したことを理由に宅地を畑に地目変更し耕地整理を実施する計画を知事や税務署，金融機関などに粘り強く説得を繰り返して了解をえた。この実施計画は，北但馬震災の豊岡町が耕地整理組合の区画整理と道路計画を市街地に適用しようとした先例に学んだと推定される。昭和2年11月に耕地整理組合を設立，2年10カ月間の工事期間を経て昭和5年10月末にほぼ計画通りに竣工させた。

　区画整理は南北から5度東偏させた基準街路を設定，直交道路網により約38ブロックに分割した。道路は府道で幅約9mに拡幅，幅4.5〜6mの計画的町道を新設している。しかし，区長や住民の反対で区画整理を実施しなかった淺茂川区の町道は幅2.8〜3.1mにすぎず，今日では車の通行が困難で深刻な問題になっている。網野町を訪問した堀切善次郎（復興局長）は東京で実施できなかった計画を実現していると評価し[10]，京都府は網野町を模範的な土地区画整理を施工した事例と認定している[13]。復興区画整理事業が多大な困難と時間を要することは阪神淡路大震災における神戸市の事例からも明らかである（エジントン 2010）[14]。

3）峰山町の復興との比較

　市街地が壊滅状態になった網野と峰山での復興事業は対照的である。網野区では区画整理を実施し，旧状を一新する市街地と道路網が完成した。事業推進の中心として区長と町助役という個性的で献身的な地域リーダーの存在が大きい。一方，峰山町では地域有力者らが独断的に道路拡幅を優先する事業を推進させた。復興委員を公選により選んだ網野と，有力者の互選による委員の委嘱をおこなった峰山町とで決定的に異なる政治風土がある。流入者が多く平等と権利意識の強い網野区に対して，城下町の伝統を有し上層階層の支配力が強い峰山町とで対照的な復興事業が実施されたといえよう。困難な区画整理事業を成功に導いた森元吉と山下光太郎の決断と指導力は評価される。また，網野区の組長や住民などが復興への努力と協力をおしまなかったことを忘れることはできない。峰山町では道路用地の買収財源に苦労し，復興局で実務経験のある小林善九郎を助役に迎えて難題を解決に導いたことは注目すべき点だ。

4-7　結論

1) 北丹後地震では網野町に震度Ⅵの地震動が襲った。網野区と下岡区では倒壊と火災により9割の建物が被災して潰滅的状況になった。前者は後背湿地に，後者は地震断層の通過地にあたる。一方，砂丘と浜堤上に位置する淺茂川・小浜両区では全壊全焼合わせて5割程度と被害は比較的軽微であった。
2) 網野区で全壊全焼合わせて約9割に達した。その原因は火災のほか，市街地

が後背湿地の埋立地に位置し，軟弱な沖積層と人工地盤により震動が増幅されたことによる。

3) 震災は網野区の過密で不衛生な市街地を根本的に改良する機会となった。森元吉区長および山下光太郎町助役らは区画整理事業の実施に協力，不退転の決意で臨み，反対勢力を説得して計画を認めさせた。浸水した市街地を農地に地目変更し耕地整理事業として実施，新市街地を完成させた。復興市街地は昭和5年に区画整理が完了し，格子状道路網により約36ブロックに分割された。東京や豊岡では復興区画整理が縮小や中断を余儀なくされたのに対して，網野区における区画整理事業の完全実施は注目すべき成功事例として評価できる。

4) 峰山町は復興事業として道路拡幅を実現したが，過密な市街地の区画整理は全く考慮外におかれ，網野区の場合と対照的である。峰山では地域有力者の支配が強く，住民の意向を反映することなく独断的に復興事業を進めた背景がある。一方，網野区では地域リーダーの存在，町と区との協力関係，流入住民の多い民主的風土の存在が区画整理事業を成功させた要因と考えられる。

注
1) 網野町役場文書『震災一件』網野町
2) 震災当時の所有者実写　家屋被害調べ（1200分の1，昭和3年5月作成，森真一郎氏所蔵）
3) 網野連合区文書『参考書綴』
4) 網野区在住野村秦一氏の談話
5) 山下光太郎（1960年代）『七十年の回顧』（手記），151p.
6) 京都府立総合資料館蔵　昭2－135『震災情報』
7) 京丹後市教育委員会蔵　神戸婦人同情会写真アルバム
8) 網野連合区文書『公文書類綴』.
9) 網野町役場文書『昭和二年会議録　耕地整理』
10) 森元吉（1950年代）『震災復興記録』（手記）
11) 網野連合区文書『申達書綴』
12) 竹野郡網野町東部耕地整理第1区整理予定図（昭和3年正月作製1200分の1，森真一郎氏蔵）
13) 京都府立総合資料館蔵　昭6－109『陸地測量標, 都市計画及同事業, 土地区画整理』
14) Edginton, D.W.(2010)Reconstructing KOBE, The Geography of Crisis and Opportunity. UBC Press. デビッド W. エジントン著，香川貴志・久保倫子共訳（2014）『よみがえる神戸　危機と復興契機の地理的不均衡』349p，海青社

第Ⅱ部
台湾の地震災害と復興

震災救済募金（1999年）

第5章

1935年新竹―台中地震の被害と発生要因

5-1　はじめに

　台湾はユーラシア・フィリピン海両プレートの衝突境界に位置するため被害地震が多発する。とくに，1935（昭和10）年，台湾中部に発生した新竹―台中地震（M7.1）は台湾史上最大規模の被害を発生させた。日本統治下の1906年梅山地震（M7.1）による大被害の経験から地震観測や耐震建築に関心が払われている最中であった。日本では1925年に地震研究所が設置され，1927年北丹後地震，1930年北伊豆地震，1933年昭和三陸地震津波などの被害地震が多発した時期にあたる。このため，台北観測所（1935）や地震研究所（1936）などが迅速な調査を実施し，台湾総督府（1936）は地震発生，震災や復興過程について詳細な報告書を作成した。一方，大塚（1936）は地表地震断層の性質，斉田（1936）は被害と地盤，鈴木（1936）や高橋（1936）は地震動と建物構造との関係について研究している。近年では，許・小菅・佐藤（1982），許・遊・佐藤（2000）による発震機構の研究，中央気象局・地球科学研究所（1999）や徐（2005）による歴史地震の資料整理などがおこなわれた。しかし，建物被害と地震断層および地形条件との関係を詳細に分析した研究はない。
　本章では1）建物被害を集落ごとの全壊率および全壊数に半壊数を加味した被害率により建物被害の地域性と発生要因を明らかにし，2）地表地震断層からの距離と建物被害との関係を統計的に検討し，3）多様な地形面が発達する後龍渓中下流部で地形条件と被害との関係を明らかにする。

5-2　新竹―台中地震の特徴と被害

　昭和10年4月21日（日曜）午前6時2分，台湾中部にM7.1の直下型地震が発生した。震央は新竹州南端の卓蘭北方約5km，震源の深さは10km以浅，有感距離は約270kmに達した（図5-1）。震源のメカニズムは東西圧縮軸をもつ横ずれ型である。2本の地震断層が新竹・台中両州に出現し，その近辺で甚大な被害が発生した。余震は断層西側で多発し，同日午前6時26分中港渓中流，5月5日の苗栗付近（M＝6.0），7月17日の後龍渓河口（M＝6.2）などは規模が大きく，7月の余震により死者44名，負傷者391名，全壊1,754戸，半壊損壊5,887戸の被害が発生している（台湾総督府1936）。
　つぎに地震断層と建物被害の特徴を要約しておこう。

図 5-1　新竹－台中地震の本震・余震の震央と地表地震断層（台湾総督府 1936 に加筆・編集）

（1）獅潭断層と屯子脚断層とよぶ 2 系統の地表地震断層が出現した。前者は大塚（1936）が紙湖断層とよんだもので，新竹州中部の高度 500～800m の山間地に走向 N20°～30°E で現れた。西傾斜の断層面をもち，北は竹東郡峨眉付近から中港渓を横断し，苗栗郡新店東南方まで約 15km 連続する。西側隆起の逆断層で，縦ずれは最大 3m に達した。屯子脚断層は台中州北部，大甲渓の段丘や氾濫原地帯に平均走向 N65°E で断続的な雁行状断層群として出現し，東端の旧大安駅付近から神岡庄新庄子付近まで約 12km 追跡される（図 5-2）。垂直に近い断層面をもつ右横ずれ断層で最大水平変位は 1.5m に達し，最大 0.8m の南側隆起の縦ずれを伴っていた。断層が通過した屯子脚や旧社，新庄子などは全滅

写真 5-1　内埔庄屯子脚の被害状況（『台湾十大災害地震図集』による）

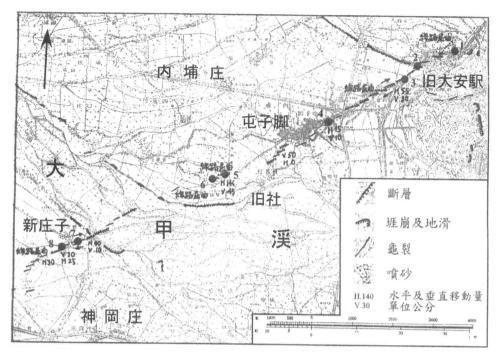

図 5-2　屯子脚断層の分布と変位量（『台湾十大災害地震図集』に加筆）

状態となった（写真 5-1）。

（2）獅潭断層と屯子脚断層は直接連続せず，両者間に約 30km のギャップが存在する。しかし，両者の延長交点付近に震央があり，地下では連続した震源断層である可能性が高い。許他（1982）は震源から南西方向に横ずれ破壊が始まり，次いで北東方向に逆断層運動が生じたと推定している。また，両断層の空白部である卓蘭北方の三叉付近の丘陵東部から銅鑼をへて公館に至る南北方向に地裂や斜面崩壊が集中的に発生し，全壊率の高い集落もこれにほぼ一致することから，準断層線の存在（図 5-1）が推定される（大塚 1936，高橋 1936）。

（3）本地震により死者 3,279 名，負傷者 11,976 名，全壊家屋 17,927 戸，半壊家屋 11,446 戸など台湾史上最悪の被害が発生した。人的被害では 1999 年集集地震の死者 2,444 名や 1906 年嘉義地震の死者 1,258 名などを上まわる。一方，建物被害は震央から北へ約 60km の関西郷，南は約 54km の鹿港郷付近まで南北約 110km の広範囲に発生，被害域は地形境界と平行な北東－南西方向に細長く分布する。

（4）死亡率が 2% 以上に達した 25 集落はつぎの 3 地区に分かれて分布する。
①新竹州の峨眉庄付近から獅潭庄新店へ続くもので，獅潭地震断層上盤（西側）では幅 4km 以内に位置する。
②台中州内埔庄から神岡庄，さらに西の清水街へ続き，屯子脚断層から幅 500m 以内に分布する。なお，清水街は地震断層の南西延長上にあたる。
③後龍渓沿岸の公館庄から三叉庄東部へ南北に帯状をなす地区で，準断層線に

写真 5-2　土埆構造による土壁（公館　2012 年 8 月撮影）

沿って分布する。

（5）本地震（M7.1）は約 5 年前の北伊豆地震（M7.2）よりやや小規模だったが，死者数で約 12 倍，全壊家屋数は約 8 倍にも達した。死者 1 名当たりの全壊数は 5 戸で，同時代の日本の事例の 2 〜 4 倍になる。この原因は，台湾の伝統的住家の土埆構造が地震動に極めて弱いことに求められる（佐野 1935，千々岩・中井 1935）。高橋（1936）によれば，土埆家屋の耐震度は木造の 2 分の 1 以下で全壊率が 50％に達するのは約 200gal であり，木造では 450gal 程度だという。土埆構造の接合剤やモルタルは粘土や粘土と石灰の混合物などで土埆の隙間を充填するにすぎず，ほとんど接合の用をなしていないことに主原因がある（写真 5-2）。土埆建築の耐震性が低い問題は 1906（明治 39）年嘉義地震の事例で指摘されていた（大森 1905）。農家は平屋土埆造，商家は 1 〜 2 階造の石灰モルタル煉瓦 1 枚壁，公共建築の多くは煉瓦造，日本人住宅は和風木造などから構成されており，前 2 者の耐震性は極めて低かった。

5-3　建物被害と発生要因

1）全壊率・被害率と地震断層からの距離

これまでの研究では街・庄単位の全壊数をもとに被害の特徴を論じてきた。しかし，①全壊より半壊が多い例や半壊のみが生じた例もあり，全壊と半壊両方を考慮した分析が必要であること，②地形との関係を検討するには集落単位での検討が必要であること，③地震断層からの距離と被害について定量的に検討した例がないこと，などが指摘される。本研究では台湾総督府（1936）から約 260 集落を取り上げ，宮村（1948）が提案した被害指数（本稿では被害率[1]とよぶ），すなわち $\{全壊数＋（半壊数 \times 0.5）\} \div 全戸数 \times 100$（％）を求め，全壊率とあわ

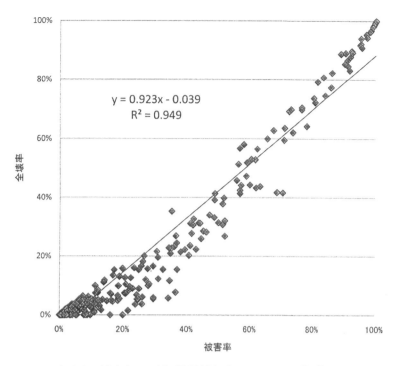

図5-3 全壊率と被害率の関係（台湾総督府1936により作成）

せて検討したい。

　まず，全壊率と被害率との関係を図5-3により確認する。両者の相関係数は0.949と極めてよく，全壊率50％以下で被害率が相対的に大きくなる。また，全壊率30％で被害率40％，全壊率60％で被害率70％の関係を示す。1891年の濃尾地震において全壊率30％は被害率60％に相当しており，本地震では全壊率の割合が極めて高いことを示す（村松2006）。つぎに，死亡率と全壊率との関係を検討してみる。図5-4によれば両者の相関係数は0.376で良好ではない。これは死亡率2％以下が圧倒的に多く，全壊率と有意な関係を示さないことによる。しかし，死亡率4％以上に限ると全壊率との相関はよくなる。死亡率が6％以上で全壊率70％以上に達した8集落のうち6集落が屯子脚断層近辺に位置する。全壊率80％以上に達しながら死亡率2％以下の17集落はすべて獅潭断層付近に分布している。また，死者1人当たりの全壊数は新竹州で9戸，台中州では3戸と大きな差がある。この原因として台湾総督府（1936）は台中州では朝寝坊の福建人が多く，客家系人の多い新竹州では早起きのため外で農作業を始めていたためと推定している。

　つぎに全壊率と地震断層からの距離との関係を検討する。距離は集落から断層線への垂線で求めた。獅潭断層（図5-5左）では相関係数は0.403で，全壊率30％以上では距離と良好な関係を示す。しかし，全壊率20％以下ではほとんど相関を示さない。これに対して屯子脚断層（図5-5右）の場合は相関係数が0.188と極めて悪い。全壊率20％以下ではほとんど相関を示さないが，30％以上に限

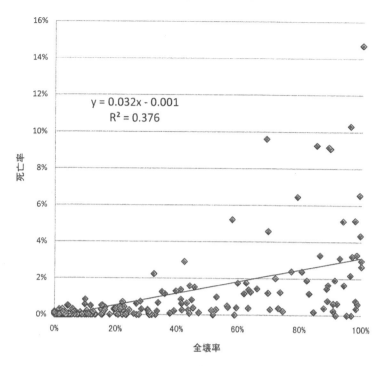

図5-4 死亡率と全壊率との関係（台湾総督府1936により作成）

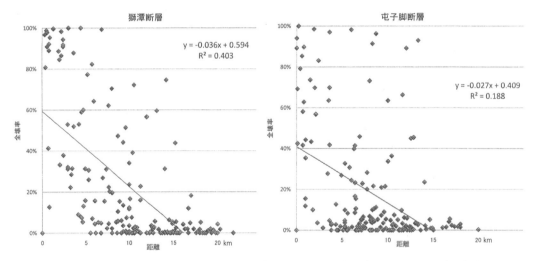

図5-5 全壊率と地震断層からの距離，左：獅潭断層，右：屯子脚断層（台湾総督府1936により作成）

ると相関は改善される。また，10〜15km付近で全壊率30％以上のグループは距離とは無関係に全壊率が変化するようにみえる。

2）地震断層からの距離と建物被害

　つぎに，地震断層からの距離と被害率との関係を地震断層の両側ごとに検討してみる。

　①獅潭断層

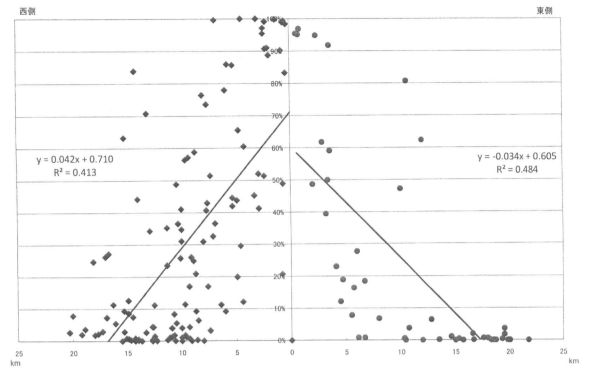

図 5-6　獅潭断層の距離と被害率との関係（台湾総督府 1936 により作成）

　図 5-6 で相関係数は東側で 0.413，西側で 0.484 を示し，距離と被害率との関係はかなり良好である。しかし，被害率が 10％以下のみとなるのは断層東側で 10km 付近，西側では 20km 付近までと約 2 倍の差がある。また，被害率 60％以上の集落は西側では約 15km までに 25 件に対して東側では 10km 付近までしか分布しない。このため，東側では指数曲線に近似する減衰を示す。

　②屯子脚断層

　図 5-7 によれば相関係数は東側で 0.42，西側で 0.13 と大きな差を示す。これは西側の 15km 付近までに被害率 50％以上を示す 15 件（図 5-7 の破線内）が分布するためである。これらは準断層線に沿うグループで，本断層による直接的被害ではない。これらを除くと西側の相関は改善され，全体として指数曲線に近くなる。東側で被害率が距離の増加に伴って急激に減少する傾向も明瞭である。また，被害率が 5％以下のみとなるのは東側で約 15km，西側では 20km 付近と差がみられる。

3）被害の地域的分布と地形

　被害率 20％ごとの等値線分布を図 5-8 に示す。これは高橋（1936）の等震度線図と基本的に一致するが，より詳細な被害状況を反映している。すなわち，

　(1) 被害率 40％以上の分布は新竹州峨眉付近から台中州清水まで獅潭および屯子脚両断層とその延長を結ぶ延長約 70km の S 字状をなして連続する。そして，被害率 60％以上を示す激甚被害地は，獅潭断層付近の北北東方向にのびる①地区，屯子脚断層付近の東北東方向にのびる②地区，両者の中間部に位置し南

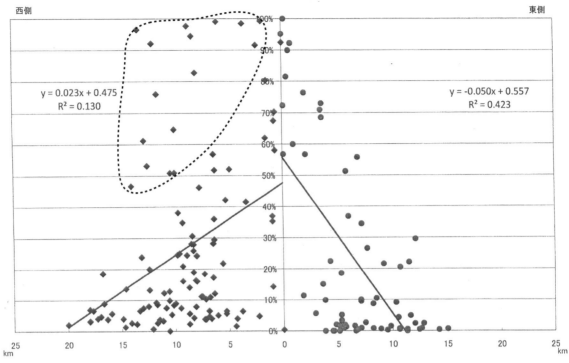

図5-7 屯子脚断層の距離と被害率との関係(台湾総督府1936により作成)

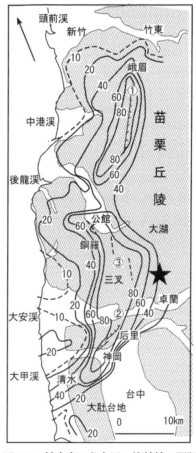

図5-8 被害率の分布図,等値線の間隔は20%ごと

北性の準断層線に沿う③地区に分かれて分布する（図5-8）。これらは死亡率2％以上の分布域とほぼ一致する。

（2）一般に，丘陵・段丘では20〜40％の被害率が広く分布し，沖積低地では5％以下が大部分を占め，地形による被害の差は明瞭である。このため，河谷低地に沿って等値線が大きく入りこむ傾向を示す。また，大安渓と大甲渓の沖積低地では被害率10％等値線が複雑な出入りを示し，両河川の中間部付近に位置する大安庄の約10集落は被害率が17〜35％に達する高い値を示す点で注目される。

5-4　後龍渓中下流部の地形と被害

地形条件が建物被害にいかなる影響を及ぼしたかを検討するため，新竹州（現苗栗県）の後龍渓中下流部を取り上げた。ここは集落数が多く，かつ多種の地形面が発達するという好条件をもつ（張他1998）。図5-9は2.5万分の1地形図と空中写真の判読によって作成した地形分類図で，集落ごとの全壊率と被害率を示す。後龍渓はZ状の大きな屈曲流路をとりながら苗栗丘陵を貫通し，後龍西方で台湾海峡に流入する。本地域に広く分布する苗栗丘陵は新第三紀〜第四紀前・中期の固結〜半固結した堆積層から構成され，小起伏丘陵地を形成している。東苗栗丘陵は高度400〜600mのやや急峻な丘陵，西苗栗丘陵は高度200〜300mの定高性をもち，頂部に高位段丘面を有するなだらかな丘陵を形成している。段丘は高位，中位，低位の3面に大別される。高位面は西部丘陵の頂部を占めて広く分布するが，東部では断片的になる。中位面および低位面は後龍渓とその支流，西部の西湖渓に沿って連続的に発達している。段丘は高位面を除き，侵食性のものが卓越し，主に厚さ10m以下の砂礫層から構成される。高位面には地表下に厚さ2〜5mの赤色土が発達している。扇状地は中流部で広い面積を占め，1〜2m程度の崖により上位から下位へⅠ面，Ⅱ面，Ⅲ面に区分される。下流部の右岸には後背湿地が細長く連続的に分布し，海岸付近には砂堆と砂丘が発達している。つぎに地形と集落ごとの全壊率（下段）と被害率（上段）の関係を検討してみよう。

（1）丘陵および高位〜低位段丘では地形面ごとに有意な差を示さない。また，全壊率と被害率との差が小さいことから，全壊が卓越していることを示す。さらに，扇状地以下の地形面より被害程度は明瞭に高い。

（2）老鶏隆付近から北へ公館につづく準断層線とその延長で最大の被害が生じており，これから離れるにつれて被害は軽微になる。頭屋地区での高い被害率は獅潭断層の影響を強く受けていると推定される。

（3）扇状地における被害程度はばらついている。しかし，右岸の公館付近や左岸苗栗付近では，高位のⅠ面より低位のⅡ面とⅢ面で被害が大きい。また，全体に南から北へ向かって被害が軽微になり，半壊の割合が増加していく傾向を示す。

（4）後背湿地に位置する後龍（写真5-3）や二張では約50〜60％の被害率

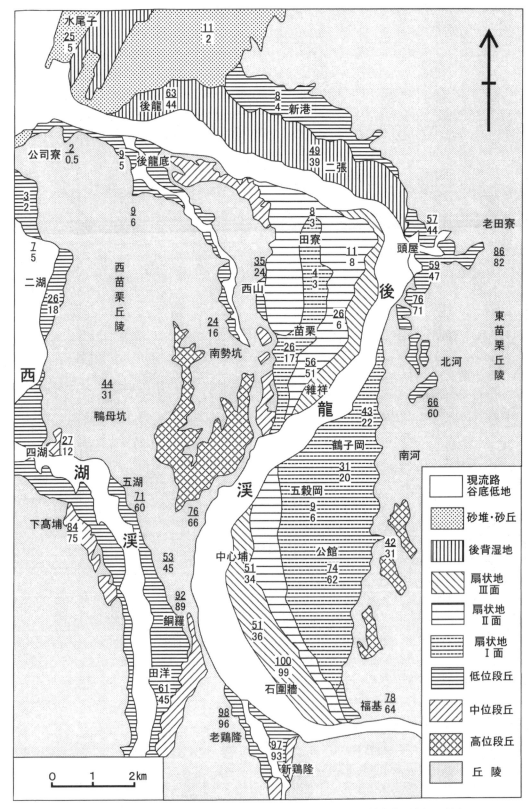

図5-9 後龍渓中下流域の地形分類図および全壊率(下)と被害率(上)の分布

写真 5-3　後龍における北城門の被害状況(『昭和10年台湾震災誌』による)

を示し，かつ全壊が顕著であった。一方，砂堆と砂丘では後背湿地より被害程度は軽微であり，被害率は全壊率の2倍以上と半壊が多いことを示す。

5-5　考察

1) 本研究では建物被害を検討するため全壊率および被害率を求め，より正確な被害実態を把握することを試みた。全壊率と被害率の関係は図5-3のように，全壊率が50％以上では被害率は減少し，全壊率50％以下で被害率が増加し半壊の多いことを反映している。

2) 地震断層からの距離と全壊率との関係(図5-5)を検討した結果，被害率30％以上の集落において強い相関が認められた。獅潭断層では平均5kmで80％，10kmで50％の関係を示すが，屯子脚断層においては平均2.5kmで80％，5kmで50％であり，後者が前者より約2倍の距離減衰を示している。これは屯子脚断層が横ずれ性断層であるのに対し，逆断層の獅潭断層では上盤で広域にわたる被害が生じたことを反映する。全壊率，被害率が20％以下で距離と相関を示さない理由は建物の性質，地形や地質などの個別的・局地的要因が大きく影響しているためと考えられる。

3) 両地震断層において被害率と距離との関係を断層の東西側にわけて検討すると，東西両側において異なる特色を示すことが明らかになった。獅潭断層では上盤の西側で被害が大きく被害率60％は15km付近まで分布するが，東側では5km付近で終わる。これは上盤における特徴であるとともに，東側

は山地で集落が少ないことを反映する。一方，屯子脚断層では西側で距離減衰は大きく，断層距離が3km以内でも被害率は100%から5%まで広く分散している（図5-7）。また，5km以遠のグループでは距離と比例して被害率は減少していく。一方，東側では距離との関係はより明瞭で2.5kmで70%，5kmで50%，10kmで30%と直線的に減少していく。

4) 地形条件と被害との関係では，丘陵・段丘で被害率は高く，沖積低地では明瞭に低い。地震断層は丘陵・段丘地帯を通過し距離的に隔たっているが，断層近辺の大甲渓などでもこの傾向は明瞭である。これは丘陵・段丘では浅部に固結〜半固結堆積岩が存在し，短周期の地震動が卓越して土塊造建物が破壊されたためと推定される。一方，沖積低地では未固結の堆積層が数十m以上存在し，短周期の震動が吸収されたため被害程度が軽微になったと考えられる。また，大甲渓最下流の大安庄付近で生じた比較的大きな被害は河川間の縫合部にあたり，細粒堆積物の厚く存在する地区で局地的に震動が軟弱地盤により増幅されたことを示す。

5) 後龍渓中下流で地形面と建物被害との関係を詳細に検討した結果，丘陵・段丘→後背湿地→扇状地III面→扇状地I面→浜堤・砂丘の順に被害程度が軽微になることが明らかになった。丘陵・段丘においては第三紀〜第四紀の固結〜半固結堆積層とそれを覆う薄い砂礫層からなるため，短周期の地震動が直接作用して土塊構造が全壊する被害が発生した。後背湿地での大きな被害は軟弱なシルトや粘土の厚い堆積層が地震動を増幅させた可能性が推定される。扇状地においては10m以上の河成砂礫層から構成されるが，古い形成期のものほどより安定した地盤をなし被害が軽微になるのであろう。被害が最も軽微だった浜堤や砂丘では厚い細粒砂層からなり，比較的安定した地盤で地震動が軽微であった。

5-6　結論

1) 1935年4月21日の新竹－台中地震の建物被害について，集落ごとの全壊率および全壊数と半壊数を加えた被害率を求めた。地表地震断層からの距離と建物被害との関係を統計的に検討した結果，被害率30%以上で相関が認められた。また，横ずれ断層の屯子脚断層で距離減衰が著しいのに対し，獅潭断層では逆断層上盤で広域にわたる被害が生じた。

2) 地形条件では，一般的に丘陵・段丘において被害率が高く，沖積低地では低い。これは前者において短周期の強い震動が卓越したのに対して，後者ではこれが吸収されて被害が軽度になったと推定される。

3) 後龍渓中下流部において地形と被害との関係を検討した。その結果，丘陵・段丘→後背湿地→扇状地III面→扇状地I面→浜堤・砂丘の順に被害程度が軽微になることが明らかになった。これは地形ごとの表層部の地質条件が地震

動の性質に影響し，異なる結果を生じたためと考えられる。

注
1) 田治米辰雄他（1978）では被害指数を被害率と呼んだ。本章でも被害率に統一表記する。

第6章
1935年震災における台湾総督府の対応と復興計画

6-1　はじめに

　1935年4月21日午前6時2分，台湾中部にM7.1の直下型地震が発生した。新竹州と台中州で発生した建物被害と発生要因について前章に詳述した。本章では台湾植民地の支配機関であった台湾総督府と被災州庁における震災対応および復興計画と実施過程について検討する。1935年地震における総督府の対応と活動については台湾総督府（1935）に詳述されている。しかし，震災過程に関する研究は森・呉（1996），陳（1999），東山（2014）によるものだけである。そこで，植民地における本震災の全体像および支配機関の対応と復興の特徴を台湾総督府（1935），台中州（1935）と新竹州（1938）の震災誌や台湾日日新聞，黄（2006）の旧版地図類などを利用して明らかにしたい。

6-2　新竹州内海知事の地震体験

　地震当日，各州知事らは地方長官会議のため台北に滞在していた。新竹州知事内海忠司は「朝7時に（ホテルで）新竹の地震報に接し，さらに被害が大規模であることを知らされ，直ちに仕度して総務長官，軍司令官，総督官邸などを訪問した後，自動車で正午に帰庁」している（近藤他2012）。一方，台中州知事日下辰太は竹南まで汽車で，以南は不通（口絵11）のため篭により海岸を南下，被災地を巡視しつつ翌日朝2時に庁舎に帰任した（台湾総督府1935）。地震発生時の行政の対応と初動体制は重要である。被災地の両知事が台北滞在中で総督府高官と直接面談できたことはその後の両者の連絡や調整に好都合であったと推定される。

　内海知事のその後の動きを追ってみよう。台北で総督府首脳陣へのあいさつを終え新竹州庁舎へ帰着後，被災4郡へ警察官と職員，医師と看護婦らからなる救護班を派遣した。現地では地元の青年団，壮丁団，消防組，保甲などがこれに協力して救護に当たっている。台湾軍は3年前に独立武装蜂起が発生した大湖方面へ台中の2連隊を緊急派遣している。地震対応で緊迫した超多忙な1日となり，「戦時非常時状態なり」と記している。午前3時に帰宅した。翌22日は8時に登庁，関係者から報告を聴取，指令を下す。各地から被害情報が集まり，死傷者や壊滅集落の数はさらに増加，新竹州における深刻な被災状況が判明してくる（写真6-1）。この日も「戦時非常時状態」となった。23日は罹災救助基金

写真 6-1　新竹州石圍牆庄の全滅状態（『台湾十大災害地震図集』による）

から最高限度の 14 万円の支出を決め，市・郡に配分を通知する。郡守に応急救護に万全を尽くすよう電命，救護班は昨日中にほぼ配置についた。現地では捜索により 1,300 体以上の死体を確認，処理を終了。急を要する避難小屋を作るため，バラック用材料をトラックで各地に配送した。食料配給や炊き出しも行った。24 日は 8 時登庁，「諸事端緒につく」と記す。緊急対応が順調に動き出したことをうかがわせる。罹災民用のバラック建設が課題となる。10 時には台中へ被害視察に向かう中川総督の新竹駅通過の送迎に出向く。翌 25 日午後 4 時に総督一行が新竹州庁舎へ到着，被害報告のあと市内および後龍や竹南の視察に同行する。26 日は車で苗栗地方を巡視，27 日は知事官邸で復興委員会規則を起案，審議した。28 日には入江侍従が新竹州庁を訪問，その後自動車にて州内の視察，慰問に同行する。翌 28 日は天長節で新竹神社での拝賀式と市民の祝賀祭に参列している。

6-3　台湾総督府の対応

1）総督と総務長官

　地震時の台湾総督は第 16 代中川健蔵，総務長官は平塚廣義であった（写真 6-2）。中川は新潟県出身，1902（明治 35）年東京帝大卒後内務省に奉職，香川，熊本などの県知事を経て 1929（昭和 4）年 10 月に東京府知事，昭和 5 年〜 6 年に濱口内閣の文部次官に就任している。1932（昭和 7）年 5 月 27 日に台湾総督に就任，1936（昭和 11）年 9 月 2 日まで約 4 年在

写真 6-2　中川総督（左），平塚総務長官（右）
　　　　（陳 1999 による）

任した。彼は文部次官時代に同省内におかれた震災予防評議会[1]の会長を務め，同評議会の有力メンバーであった今村明恒や佐野利器らと知己となった。したがって，地震時の緊急対応や復興計画の重要性について正しく認識していたはずである。また，5月中旬には今村・佐野両氏を震災調査に招聘し，その調査報告を地震対策に役立てている。

　平塚廣義総務長官は山形県出身，東京帝大卒後内務省に務め，1923～1925年兵庫県知事，次いで1929（昭和4）年7月までの間東京府知事であった。1932（昭和7）年1月に台湾総督府総務長官に転じ，中川総督を約4年間にわたって補佐した。平塚は民政党系で政友会系の中川とは大学の5期先輩にあたり，両者の関係が危惧されたらしい。実際には両者の関係は極めて円満なものであったという（黄1981）。平塚が兵庫県知事の1925（大正14）年5月23日，北但馬地震が発生した。彼は県の救援体制の立ち上げから復興計画の立案，実施において陣頭指揮に立った。県首脳部らと豊岡小学校に陣取って震災対応の指揮，復興計画の骨子を作成させ，「移動県庁」と言われるほどの統率力を発揮した（木村1942）。1925年9月に東京府知事に転出，その在任中は関東大震災の復興事業の最盛期であり，八王子市と7郡の復興事業の責任者として関わっている。

2）緊急対応と復興計画

　総督府が取り組んだ緊急対応と復興について表6-1に整理した。以下，これにしたがって経過を追ってみよう。21日の発震後，各地から深刻な被害状況が届く。午後3時から臨時部局長会議を開き，緊急対応と救援物資，義捐金募集など救護方法を決定，翌日の同会議で官吏の義捐金供出と物品配布を決めた。22日は陸軍飛行第八連隊が震災地の偵察飛行と写真撮影を行い，救援活動に大きく貢献したという。同日中に文教局社会課に震災救護事務所を開設，義捐金の募集，食料や医薬品の配給，バラック住宅材料の供給と罹災者収容など救護活動の中心となった（写真6-3）。とくに，罹災民の自力更生を促進する必要性が強調された。

写真6-3　清水街のバラック住宅（『台中州震災誌』による）

表 6-1　台湾総督府の緊急対応と復興関係年表

年　月	日	事項
1935年4月	21日	午前6時02分新竹・台中地震発生（M7.1），震央は卓蘭北方
	21日	陸軍飛行8連隊が上空より被災状況を調査，空中写真の撮影
	21日	15時総務長官公室にて臨時部局長会議，救護物資と義捐金，救助基金，税金減免などを協議
	22日	9時～21時緊急部局長会議，官吏の義捐金を送付，物品配布などを協議
	22日	文教局社会課に震災救護事務所を開設，23～26日まで毎日幹事会を開き救護状況等を協議，鉄道海岸線は復旧
	23日	縦貫鉄道台中（山）線は竹南－苗栗間が復旧
	24日	宮内省より天皇家から御下賜金10万円の御沙汰
	24日	府令第25号により罹災救助基金規則・施行規則の特例を制定
	24日～26日	中川総督が震災地を視察（大甲・台中・清水・後龍・竹南・苗栗・新竹）
	27日	入江侍従が台湾到着，総督府にて聖旨と下賜金の伝達
	28日	震災地の租税減免猶予令を公布
	28日～30日	入江侍従が被災地を視察・慰問（新竹・苗栗・大湖・後龍・台中・大甲・后里・屯子脚・石岡）
	29日	総督府に震災地復興委員会を設置，平塚総務長官が会長となり総督府高等官から委員を任命
	30日	第1回復興委員会開催，具体案は幹事会で検討することを決める
5月	1日	第1回幹事会開催，復興事業10項目につき検討，議案を作成
	4日	小幹事会にて家屋建築制限について具体案を作成
	7日	第2回復興委員会開催，復興事務を討議し，復興計画大綱を決定
	17日	総督府より両州知事に自力更生運動の計画と指導方法を通達
	18日	今村明恒・佐野利器が調査のため来台，震災地視察後27日に離台
	21日	新竹州の慰霊祭を苗栗公学校で執行，平塚長官・深川文教局長ら列席
	21日	罹災者の租税減免の特令および細則を施行
	23日	台中州の慰霊祭を台中市公園で執行，平塚長官・深川文教局長ら列席
	29日	拓務省が震災復興費56.7万円を決定
	31日	総務長官名で家屋建築の構造補強に関する規則を出す
6月	24日～26日	中川総督が震災地の復興状況を視察
7月	1日	新竹・台中両州5街8庄など18集落に市区計画を告示
	1日	新竹・台中両州で家屋建築規制施行に関する規程を施行
	12日	総督府の復興予算255万8千余円を第2予備金と余剰金により支出を決定
	17日	新竹州後龍渓河口で大規模余震(M6.2)発生，死者44名・全壊1,475戸
	31日	大蔵省預金部が震災復旧低利資金として612万6897円の融資を決定
10月	10日	始政40周年記念台湾博覧会開催（11月28日まで）
11月～12月		竹南・竹東・后里　水利組合の復旧工事が起工（昭和11年前半に竣工）
12月	4～12日	新竹・台中両州7カ所で総督府による復興促進，住宅建築の改良，生活改善などの巡回指導を実施
1936年3月	25日	総督府が昭和十年台湾震災誌を発行
	30日	台中州が昭和十年台中州震災誌を発行
1938年7月		縦貫鉄道台中（山）線の全線復旧
10月	25日	新竹州が昭和十年新竹州震災誌を発行

　23日両州へ救助基金210万円を貸与した。義捐金は台湾内外から約173.3万円（1936年3月末）が寄せられている。26日まで連日幹事会を開き救護状況を協議，被害額を新竹州の533万余円，台中州の421万余円と推定した。24日から中川長官が3日間の被災地視察に出発，同日天皇から御下賜金10万円の沙汰があった。27日には入江侍従が基隆港に到着，同日午後3時30分から総督府で天皇の聖旨と御下賜金の伝達がおこなわれた。その後，平塚長官らが同行して3日

写真 6-4　豊原郡神岡庄での入江侍従の慰問（制服左から 2 人目）（『昭和十年台湾震災誌』による）

間の現地視察と慰問を実施している（写真 6-4）。御下賜金は死者 10 円, 重傷者 5 円, 家屋全壊 1 円 30 銭を基準として被災者や家族に配分されることになった。さらに, 各宮家の 3 千円は貧困児童の救恤金として, 満州国皇帝からの 28,860 円は医療救護と貧困者扶助に充てられた。

　緊急対応が一段落した 29 日に総務長官を会長とし, 総督府高等官ら 25 名からなる震災地復興委員会が訓令 25 号によって設置された。これは復興計画に関する審議機関となる。調査研究すべき項目として, 建物の再建, 都市・集落の改善と復興, 市区計画, 家屋建築制限, 産業復興, 租税減免, 自力更生運動など 10 項目をあげている。翌 30 日に最初の同委員会が招集され, 復興の基本対策について意見交換を行い, 復興案を作成する幹事会を開くことに決めた。翌 5 月 1 日の幹事会では上記の調査項目について討議し, 委員会へ提案する具体策を作成している。なお, 家屋建築制限については関係幹事により具体案を審議することとした。

　地震から 18 日目の 5 月 7 日, 総督臨席の第 2 回震災地復興委員会において復興計画の大綱が議決され, 総督に具申されて復興対策が決定したのである。また, 復興事業を促進するため, 新竹・台中両州に知事を委員長とする復興委員会の設置を決めた。

　復興の中心事業は市区計画であって, 18 カ所で実施。計画線を設定し, 建物再建には建築規則細則に従わせ, そのため低利資金を貸与することにした。中川総督は 5 月 22 日上京し政府各省に震災復興補助を要請, 拓務省は復旧予算 56 万円を決定した。7 月 13 日総督府の震災復興費は 245.7 万円で第 2 予備金から支出することに決定した。

　組織の立ち上げと地震後 18 日目に復興計画の決定という迅速さは驚異的といえよう。

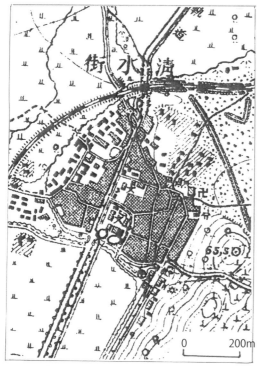

図 6-1 地震前の清水街（2.5 万分の 1 地形図，大正 15 年測図）

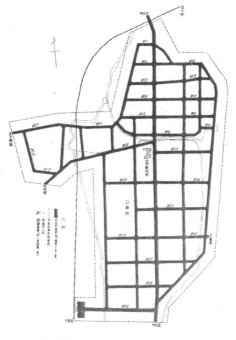

図 6-2 清水街の土地区画整理計画図（『昭和十年台湾震災誌』による）

3）市区計画と建築規制

①市区計画事業

被災地の市区計画の樹立と実施は，将来の発展拡大が予想される 500 戸前後以上の集落で危険家屋が 5 割以上と深刻な被害を受け，かつ復興事業費の負担が可能と考えられる 5 街（苗栗・竹東・豊原・清水・梧棲），8 庄（大湖・卓蘭・銅鑼・竹南・後龍・北埔・沙鹿・内埔），および村落計画中であった 5 集落（公館・南庄・三叉・神岡・石岡）の計 18 カ所を対象とした。両州において市街地の実情に応じた格子状の新道路系統を設定し街路の中心杭を設置，1200 分の 1 実測図を作成，総督府土木課指導の下に市区計画図を作成した。具体的には，幅 5〜6m 以下の在来道路を幅 11，13，15，18m に拡幅し，1 区画 60m×80m または 80m×120m のブロックを作り，適当な緑地や公園，広場を設置し休養と避難の場とするプランを立案した。これら計画は街庄長が認可申請を提出，総督により認可されて 7 月 1 日に 18 庄街に対する市区計画が両州で一斉に告示されたのである。

事例として台中州清水街清水と内埔庄屯子脚両集落を取り上げてみよう。清水は大肚台地西縁の扇状地に位置し，海岸鉄道に沿う大甲郡役所をもつ行政と商業の中心地である。当時，1,597 戸，8,422 人の狭隘で曲折の多い不規則な大規模市街地を形成していた（図 6-1）。屯子脚地震断層の延長上に位置したため死亡率 2%，全半壊率 52% と最大規模の被災地となった。事業では N20°E の基準道

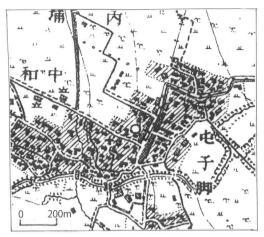

図6-3 震災前の屯子脚（2.5万分の1地形図，大正15年測図）

写真6-5 屯子脚における区画整理状況（台湾省林務局1994年撮影）

路を軸として旧市街および発展が予想される南部の駅前地区合わせた約86.8万m^2を対象に旧情を一新する区画整理を実施した（図6-2）。一方，屯子脚は台中鉄道から約2km西にある道路交通の要衝であり，735戸4,578人の低位段丘に位置する内埔庄周辺農村の中心地であった（図6-3）。地震前は狭い道路と土埆家屋が密集していたが，地震断層が集落内を貫通したため，死亡率10％，全半壊率76％の潰滅的被害を受けた。そこで，N20°Eを軸に主要道路は幅15m，その他は幅11mに設定，約47.7万m^2に区画整理事業を実施した（写真6-5）。

総督府は，都市計画をもたず狭い道路と密集家屋が雑然とならんだ伝統的集落構造が大被害の要因であると認識しており，道路網の新設と拡幅を中心とする根本的な復興区画整理事業を実施した。計画区域の総面積は約582万m^2，新街路線245本の総延長約79kmという大規模な復興事業を軌道にのせた。昭和10年度内の完成をめざすものとして，道路・側溝・橋梁の工事を448,419円（3分の2を国費，3分の1を州費から補助）で直ちに着工させている。また，役場や小・公学校と宿舎，公会堂や市場の復旧には135.9万円が充てられた。結局，復旧復興事業の総額は15,798,645円に達し，負担率は国費33.5％，州費4.1％，街庄費7.2％，その他（組合や個人負担）55.2％となっている。

②建築規制と住宅復興

家屋構造の不適切と材料の脆弱さが建物被害の最大要因である。これは1904年嘉義地震以来指摘されてきた（台湾総督府1907，大森1907）。そこで，家屋の再建には耐震性の向上をはかる方針がとられた。まず，5月31日に総務長官から建築改良促進に関する通達が両州知事に発せられ，両州で検討の上，7月1日に建築規制施行に関する規程を定めて公布した。これは家屋建築規則施行細則第25条により建物の構造強度を改善する規定を定め，再建築のガイドライン

写真 6-6　銅羅の復興木造住宅と三角架構（2012 年 2 月撮影）

を明示するものであった（王 2007）。とくに，土埆の使用禁止とともに，木造・煉瓦造・鉄筋コンクリート造について施行基準を詳しく指示している。しかし，被災民の多くはこの経済的負担に耐えられないことから，再建総戸数約 10,883 戸のうち 66％にあたる 7,129 戸を対象に建築費の 1 割を国費と州費から補助し，さらに個人負担分の約 6 割は低利資金を融資する便宜をはかった。このように，厳格な建築基準と手厚い再建費用の援助により耐震性の高い復興建築が実現されたのだった（口絵 12，写真 6-6）。

　③自力更生運動

　住民の復興に対する強い自覚と行動を促す自力更生運動が展開された。これには台湾植民地の事情が反映している。5 月 29 日の復興委員会の当初からこの点が議論されており，住民が救援や同情に甘んじることなく，自力更生と復興の意気を喚起させるための精神的指導をおこなうことを目的とする。5 月 17 日平塚長官より自力更正のための指導方法が両州知事に通達された。その内容は部落に対する民風作興，住宅改善，経済更正などからなり，運動徹底のため講演会や座談会などの開催，ポスターやビラの掲示をあげている。これを受け，各州で指導細案を作成することになった（口絵 10）。台中州では①部落振興会を中心に集会所の建設，②国語講習所の開設，③部落集会の毎週開催，④復興の共同作業化，⑤毎月 21 日の震災記念日に集会して黙祷，⑤国旗掲揚台の建設，などの計画を立てている。一方，新竹州では①庄街ごとに復興委員会を組織し復興更正計画を立て，②産業組合，部落分会，青年団，家長会，主婦会を実行機関とする，③市郡復興委員会を指導督励機関として組織し計画の立案と実行指導をおこなうことを盛り込んでいる。さらに，復興に必要な建築，土木，衛生，産業の知識提供と教化を目的に巡回指導が取り組まれ，指導的地位のものに復興指導用の書籍を配布するため国庫より 3 千円を支出した。

写真 6-7　新竹州における慰霊祭 祭壇上は内海忠司知事（『新竹州震災誌』による）

4）記念行事

　地震犠牲者 3,279 名のうち内地人は 8 名（0.2％），全壊家屋 17,927 戸のうち内地人用は 71 戸（0.4％）にすぎなかった。辛酸な被災を受け茫然自失の現地人を慰安し，復興への気力を創出させ，惨禍と教訓を忘却させないために多くの記念事業が取り組まれた。

①視察慰問

　地震 3 日後の 24 日から 26 日に中川総督自らが被災地を視察した。拓務省の北島殖産局長がこれに同行している。同 28 〜 30 日に天皇派遣の入江侍従と平塚長官らが両州の被災地を詳細に慰問している。同日程で拓務相代理の桜井政務次官も総督府玉野社会課長の案内で別行程の被災地視察をおこなった。中川総督

写真 6-8　台中州震災 1 周年の慰霊祭　右端は日下辰太知事（『台中州震災誌』による）

は2ヵ月後の6月24〜26日にも復興状況の視察のため各地を再訪した。ほぼ1年後の昭和11年3月25日に総督府は詳細な震災誌を刊行，ついで台中州震災誌も3月30日に発行された（新竹州は2年遅れの昭和13年10月25日発行）

②追悼行事

地震1ヵ月後に犠牲者の慰霊祭が神式により挙行された。新竹州苗栗第1公学校では校庭に鳥居が2基建てられ，5月21日に内海知事を祭主として約200名の参加のもと盛大に営まれた（写真6-7）。台中州でも5月23日に台中公園広場を会場として実施，総督府から平塚長官と深川文教局長が知事らとともに参列している。翌年4月21日の震災1周年目には大規模な行事が取り組まれた。台中州では，台中公会堂で知事を祭主として殉難者1周年祭を神式により挙行した（写真6-8）。同時に，2階で復興写真展を開催，記念絵はがき（4枚組）を発行して記念スタンプを置いた（写真6-9）。また，豊原，清水，内埔，神岡，

写真6-9　台中州発行の中部大震災記念絵はがき（『台中州震災誌』による）

写真 6-10　内埔庄 1952 年の慰霊祭（『蔗田到花郷』による）

写真 6-11　内埔における 2012 年の慰霊祭（4月9日許華杞氏撮影）

東勢において地元の殉難者 1 周年祭を執行している。さらに，激甚被災地の内埔と神岡には殉難者追悼碑が建立され，碑前において慰霊祭が行われるようになる。現在でも両碑前では記念行事が継続されている（写真 6-10・6-11，塩川 2014）。

6-4　考察

1）緊急措置

地震発生時に新竹・台中両州知事が台北に滞在しており，総督府高官らと面談できた。打合せ後，直ちに州庁へもどり救護隊の派遣などを指示，翌 22 日には

救護救援活動が軌道にのった。総督府は即日部局長会議を開き，翌日には震災救護事務所を開設して必要物資の配給や義捐金募集を開始した。24日には天皇家から10万円の下賜が伝えられ，総督が3日間の現地視察に出発した。総督府の初動は素早かった。そして，総督府高官や侍従らが視察や慰問に被災地を繰り返し訪問し，見舞金などが配布されたことは，現地民に大きな安心感と感謝の気持ちを抱かせたにちがいない。

2）復興計画と市区改正

　8日後の29日に震災地復興委員会を設置し，調査検討すべき10項目を指示した。幹事会では復興計画案を作成し，18日目の5月7日に復興委員会で復興計画が決定された。台湾植民地においては，施策の立案と実施は総督府の絶対的権力のもとで決定され，現地住民の意見を聞くことはなく上意下達的であった。震災を機に狭隘な道路と過密な市街を徹底的に改善する方針がとられた。主要被災地18集落に新たな広幅道路を格子状に設定する市区改正事業が実施された。総督府土木課指導のもと各州において現地の実情を配慮しつつ理想的な都市計画を策定，1200分の1実測図によって市区改正計画図を作成し，7月1日両州で告示されている。日本の事例のような土地収用や買収費の困難さは存在せず，計画はほぼ完全に実行された。今日でも市街地の構造はほぼ当時のまま現存している。

　つぎに，土埆造とレンガ造の壁，亭仔脚の構造を徹底改善するため，家屋建築規則施行細則第25条の適用により耐震強度の改善に関する規程を制定した。その実行による経済的負担を軽減する公的資金の援助と低利融資の便宜をはかっている。周到な配慮により復興事業が実現できたのは中川・平塚両首脳が地震災害と復興に対する知識と経験を有していたこと，総督府の絶対的権力と忠実な官僚組織が実働したことが大きく作用している。また，復興の早期実現には同年10月予定の始政40周年記念台湾博覧会が迫っていた事情がある（末光 2007）。博覧会開催までに復興の実績を上げておくことは，総督府の威厳にかかわる重要課題と認識されたと推定される。その結果，10月10日から11月28日までに台北市などの会場に約276万人が来場して成功裏に終了したのだった（口絵13）。

　後藤民政長官時代の1900年に最初の台湾家屋建築規制を定め，1907年に嘉義地震の被災経験から同規制細則を改正して土埆の禁止や亭仔脚設置を義務づけた。一方，市区改正は1905年の台北改正計画公示が最初で，1932年の大台北市区計画では関東大震災などの経験から土地収用や用途地域の指定を実施した。越澤（1987）は1930～35年間を市区改正から近代都市計画への移行期と位置づけた。すなわち，本震災の経験と教訓にもとづき建築や土地区画整理を都市計画に統合させ，1936年の台湾都市計画令及び施行規則の公布が可能となったのである。これにより，台湾における家屋改良と都市計画の法的整備が高い到達点を示すものになったと評価されよう。

3）自力更生運動と記念行事

写真6-12　公館公学校前の詹徳坤像と橋邊一好校長（公館学習中心2012による）

写真6-13　公館西方旧墓地の詹徳坤の墓（2013年8月撮影）

　被災民に自力更生の意気と復興精神を発揮させる目的で精神指導が行われた。総督府から5月17日に通達された本運動に関する指導方法は，民意，住宅，経済などに対する徹底的な意識改造を目的とする組織的な取り組みとなった。この運動は復興精神とともに，台湾人の国民的教化および日本化を進めようとする政治的意図が強く反映されている。一方，住民にとっては日本式生活習慣や住宅様式，まちづくりの強要であり，同化政策の一環として実施されたものであった。これによって生活様式は日本風に改められ，生活の日本化が進行した。

　さらに，1ヵ月後の慰霊祭や1周年の震災記念祭が盛大に取り組まれた。知事が祭主となって神式で挙行されており，同化政策が露骨に現れている。新竹州苗栗において重傷を負って入院中，君が代を歌って死亡したという公館公学校3年詹徳坤（ソントククン）が模範的な「君が代少年」として顕彰されている（苗栗県社区大学公館学習中心2012）。彼の1周忌には同校門前に記念像が設置された（写真6-12）。1942年にはこれが内地の初等科国語教科書に取りあげられ，翌年には台湾，朝

鮮でも君が代少年の美談が採用されている（森・呉 1996）。大東亜戦争の進行とともに台湾では1936年から本格的皇民化と南進基地化の政策が進められていく。「君が代少年」の美談化は皇民化運動の先駆けとなったといえる。公館東方の旧墓地に彼の立派な墓碑が建立されたが，現在は荒廃したまま放置されている[2]（写真6-13）。

6-5　結論

1) 1935年震災において，総督府と新竹・台中両州の対応は迅速だった。軍はこれとは別に治安維持に出動した。総督府は救護救援活動のための震災救護事務所，復興計画の立案のための震災地復興委員会を設置し重要な機能を果たしている。
2) 18集落について徹底的な家屋の耐震化，土地区画整理事業が実施された。これは現在でも引き継がれているインフラ遺産として重要である。
3) 自力更生運動が組織的に取り組まれ，住民の自発的復興意力を引き出すとともに，日本化を進める手段として利用されることになった。慰霊祭などの行事も神式で挙行され，日本式生活と文化への同化が強制され，進行したといえる。

注
1) 1892（明治25）年設立の震災予防調査会が大正14年に東京帝国大学に地震研究所が設置されたことを受けて，規模を縮小し文部省の組織として引き継がれたもの。
2) 詹徳坤の墓は最近まで忘れられていた。近年，公館学習中心の人達により旧墓地内で再発見され，筆者もここへ案内していただいた。

第7章

1999年集集地震による被害と復興

7-1 はじめに

　1999年9月21日（火曜），台湾中部でM7.3の集集地震が発生した。これは車籠埔断層が活動した結果で，延長約100kmにわたる地表地震断層が南北方向に出現した。本地震による死者は2,499名，全壊約5.8万戸など巨大な被害を生じた。これは912地震（震災）とよばれ，死者数で史上2番目，全壊数では最多記録だ。本地震の地震動や地震断層の特徴については中央地質調査所（1999），太田（1999），Tsai et al.（2000）など，緊急対応や復興事業についてLoh, et al.（2000），中林（2000），台湾省文献委員会編（2000）などによる多数の研究がある。しかし，建物被害と地形との関係について論じたものは李秉乾他（2005）のみである。研究者の関心が地表地震断層と建物構造，復興などに集中したことを示す。筆者は地震直後およびその後の継続調査により，被害が地形条件によって支配されていることを明らかにした。そして，将来の被害軽減のために地形条件と活断層を考慮した対策が必要であると考える。本章では豊原市と台中市における建物被害と地震断層および地形条件との関係を考察し，台湾における活断層と土地利用規制法に言及したい。

7-2 台湾の自然災害

　台湾は自然災害の多発地帯である。その最大の理由は太平洋西縁の弧状列島をなし，太平洋プレートとフィリピン海プレートとの衝突境界に位置することにある。すなわち，プレート衝突による中央山脈の隆起が激しく高度3,000m級の高山域が広く分布する（図7-1）。このため地形は急峻で起伏量が大きく，複雑な地質構造ともろい岩盤から構成される山地は不安定な地質条件をもつ。第2の理由は亜熱帯モンスーン地帯にあって年1,500mm以上の降水量をもち，高山域では年3,000mm以上に達する点にある。また，降水量の7割が夏季の梅雨と台風の豪雨によるため，洪水や崩壊が多発する。さらに，台北，台中，高雄など西部の大都市では急速な都市化が進み，無秩序で安全性を無視した土地開発，耐震性の低い住宅や高層ビルが急増している状況がある。

　つぎに，1971～2000年の30年間に発生した自然災害の特徴を主に林（2004）により要約してみよう（表7-1）。

図7-1　台湾の活断層と集集地震の震央

表7-1　1971～2000年間の自然災害の発生状況（林2004により作成）

原因	発生件数	死傷者	建物被害
崩壊	241	595	295
地すべり	305	182	498
土石流	116	185	1,021
地震	118	926	2,187
921地震		13,810	103,961
台風	90	2,428	33,693
洪水	173	917	16,228
合計	1,043	19,043	157,883

1）被害件数

地すべりと崩壊が1，2位で，両者の546件は全体の52.3％を占める。急峻な山地に不安定な斜面が多く分布していることを示す。ついで，洪水の173件（16.6％），地震118件，土石流116件の順となる。

2）死傷者数

地震による死傷者が14,736名と圧倒的多数を占め，大部分は921地震に起因する。これを除く死傷者は926名（19.0％）と2位で，地震災害による割合は高い。台風による2,428名（49.9％）が最大で約半数を占め，洪水による917名（18.8％）を合わせると約7割に達する。毎年繰り返し発生する風水害による人身被害が極めて多い。

3）全・半壊家屋数

921地震による全半壊は約10.4万戸に達する深刻なもので，これを除く地震被害は2,187戸（4.2％）と少ない。台風による33,693戸（64.0％）および洪水による16,228戸（30.1％）が総計の約9.5割と圧倒的に多い。台湾の自然災害は風水害による被害が絶対的に大きく災害対策の最大課題といえよう。しかし，低頻度とはいえ地震災害への対策を怠ることはできない。過去200年間の被害地震を示す表7-2によれば，死者1,000人を超える大震災が4回発生しており，平均約50年に1回という頻度をもつ。9月21日午前1時47分の921地震の震源は地下約8kmと浅く，長大な地表地震断層の地表変位によって大規模な震災となった（行政院重建会1999）。

7-3　台中盆地の地形

台湾中部の台中盆地は北部に豊原市，南部に台中市，南縁には大里市が位置す

表7-2 過去200年間の主な被害地震

地震名	年月日	M	深度	死者	負傷者	全壊数	半壊数
花蓮	1815年10月13〜14日	7.7		113	2	243	
彰化・嘉義	1845年3月4日	7		381		4,222	
彰化	1848年12月3日	7.1	10km	1,030	?	13,993	
台南・彰化	1862年6月7日	7		500		500	
斗六	1904年11月6日	6.1	6	145	158	661	3,179
嘉義・梅山	1906年3月17日	7.1	浅	1,258	2,385	6,769	14,128
埔里	1917年1月5日	6.2	?	54	85	755	
新竹・台中	1935年4月21日	7.1	10	3,276	12,053	17,907	36,781
嘉義・中埔	1941年12月17日	7.1	10	358	733	4,520	11,086
台南・新化	1946年12月5日	6.1	浅	74	482	1,954	2,084
台東縦谷	1951年10月22日〜11月25日	7.3	浅	68	865	2,382	
恒春	1959年8月15日	7.1		16		1,214	
台南・白河	1964年1月18日	6.3	20	106	650	10,924	25,818
921・集集	1999年9月21日	7.3	8	2,499	11,305	51,788	54,420

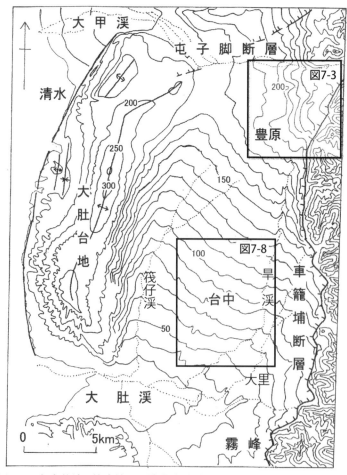

図7-2 台中盆地の等高線図と地表地震断層の分布（等高線は10m間隔）

る。本盆地は東西約10km，南北約20kmの長方形をなし，北端を大甲渓，南端を大肚渓によって限られている。図7-2は10m間隔の等高線図である。盆地の西側には南北にのびる大肚台地が発達する。これは高度200〜310mの広大な河成段丘面からなる。中央部には活褶曲軸が走り，その北端部で1935年地震時に屯子脚地震断層が出現した。また，台地西縁に沿って清水断層とよぶ活断層が分布する。本台地は逆断層と活褶曲の組み合わせによる複雑な隆起運動によって形成された。一方，盆地東側には脊梁の雪山山脈西縁に位置する加裏山地とよばれる丘陵地が分布する。これは主に新第三紀の堆積岩層からなり，丘陵と低地との境界は車籠埔断層によって限られている。台中盆地は東縁を車籠埔断層に限られ，清水断層の上盤に位置するfold-thrust belt内の活動的な変動性盆地であるといえよう。

　盆地は南西へゆるく高度を下げる扇状地面が卓越する。その高度は北東端の豊原市朴子口で約240m，南端の大里市南部で約30m，平均10.5‰の勾配で南南西へ傾斜している。これを台中扇状地面とよぶ。この扇状地面の形成年代は約6千年前頃と推定される（劉明錡 2004）。現在は西流して台湾海峡に流入する大甲渓は，かつて南流して台中盆地に流れ込み大肚渓に合流していた。また，扇状地の東西両側方部には河川堆積の及ばなかった埋め残し低地が分布し，旱渓および筏仔渓がこれに沿って南流している。

7-4　地表地震断層と建物被害

　地形および地震断層と建物被害の関係を豊原市東部および台中市北部において検討する。現地調査と地震1カ月後に撮影された空中写真から地形と撤去建物

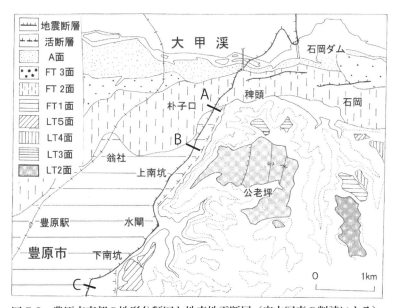

図7-3　豊原市東部の地形分類図と地表地震断層（空中写真の判読による）

などを判読した。図7-3に豊原市東部の地形分類図と地表地震断層の分布を示す。

1) 豊原市東部の地形

　①丘陵

　車籠埔断層の東側には比高100～150m程度の断層崖が発達し，その背後に高度300～600m程度の開析の進んだ丘陵が発達している。その高度は南高北低を示し，高度400～500mに顕著な定高性を有する。断層崖は侵食が進み，断層位置より後退している。丘陵は中新統の柱竹林層，鮮新～更新統の卓蘭層，更新統の頭料山層から構成されている。

　②段丘

　大甲渓南岸には多数の河岸段丘面が発達する。台湾中西部の段丘区分は，表層に赤色土をもつLT面系とそれをもたないFT面系に二大別される。本地区ではLT面系が4面，FT面系が3面に細分される。つぎに各段丘の特徴を上位から下位へ順に要約しておく。形成年代は劉（2004）に従った。

　LT2面：本地区で最高位の段丘で，高度380～500mに台地状の広い面を発達させる。公老坪では活褶曲による変形を受けており，その西端で比高数mの西落ち低断層崖により切られている。形成年代：約8万年前。

　LT3面：LT2面の北側に分布し，高度450～480mの面を形成する。形成年代：約7万年前。

　L4面：430～450m程度の高度をもつ。形成年代：5～6万年前。

　LT5面：分布は極めて断片的で，高度は380～400m程度。豊原東部の南上坑には高度250～310mの本面が断層崖に付着して分布する。形成年代：約4万年前。

　FT1面：大甲渓南岸から南西へ広がる扇状地性の段丘面で，車籠埔断層より東の上流側にはほとんど分布しない。面の高度は上流の翁社付近で約240m，豊原付近では高度220mに低下し，南方の台中市域へ連続的に発達していく。形成年代：約6千年前

　FT2面：大甲渓に沿って最も連続性のよい面を形成する。石岡付近で高度270m，埤頭で260m，下流の朴子口で230m程度となる。形成年代：3.5～4千年前。

　FT3面：最も低位の河岸に接した位置に分布する。石岡付近で高度270m，下流の渓底で210～230mとなる。形成年代：2.7～3千年前。

　本地区のLT面群の高度と河床からの比高により下刻速度は2.9～3.7 m／千年と推定され，新期のものほど大きな値を示し下刻が加速している可能性がある。

2) 被害の特徴

　本地域の車籠埔断層は柱竹林層と卓蘭層との間にはさまれる錦水頁岩の層面に沿って活動するデタッチメント断層と考えられる（李元希他2000）。一方，地表地震断層は丘陵末端の活断層の推定位置より100～500m西側の低地に出現した。地表に顕著な撓曲帯を形成し，東上がりの低角逆断層の特徴を示す。変位

第7章　1999年集集地震による被害と復興

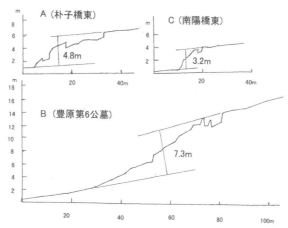

図7-4　豊原市東部の地表地震断層の実測断面図（位置は図7-3に示す）

写真7-1　豊原市下南喰坑の地表地震断層と建物被害（1999年10月撮影）

地形の実測断面を図7-4に示す。縦ずれ変位量はA（朴子橋東）で4.8m，B（市公墓）で7.3m，C（南陽橋東）で3.2mであった。また，撓曲帯の幅はAから順に29m，50m，11mと変化が大きい。3地点ともに撓曲頂部付近に張力性の地溝を伴う。建物被害では，断層をまたいだものや撓曲帯内に位置するものは例外なく大破している（写真7-1）。一方，下盤側では被害が少なく，断層に近接した建物でも破損していないものが多い。上盤側でも変形帯から少し離れた建物には被害がほとんど見られない。すなわち，建物被害は断層変位の直接的結果であり，断層から離れた建物に被害が少ないのは断層運動の速度がかなり緩やかだったことを反映する。大内他（2000）は加速計記録から断層破壊は1〜2m/秒と推定しており，上の推定を裏付ける。

3）台中市北部の地震断層の被害と対応

　台中市北部の大坑地区では，地表地震断層が住宅地区内を横断し直上の建物は大破した（図7-5）。大里渓右岸の和平里では175棟が全壊，軍功国小学校は使用不能になった。左岸の廊子里では88棟が全壊し，縦ずれ3.3m，右横ずれ5.8m

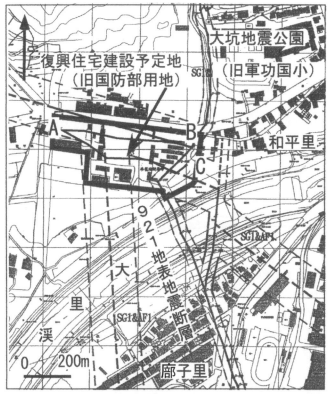

図 7-5　大坑地区の地表地震断層の分布（工業技術研究院 2003 に加筆）

写真 7-2　廓子里の地表地震断層（A：1999 年撮影，中央地質調査所による）

写真 7-3　廓子里，写真 7-2 と同地点の禁建区の状況（B：2010 年 4 月撮影）

の地震断層が出現し現在も道路に大きな段差ができている（写真 7-2, 7-3）。地震後の建築規制により，本地区では幅 30m の禁建区が設定され，73 棟が強制移転の対象になった。政府資金により大里渓北岸の旧国防部補給所用地に再建する計画が決まった（台中市政府 2001）。しかし，地質調査により用地地下に活断層が伏在する可能性が指摘され，他地点への再建に変更された（工業技術研究院 2003）。和平里では軍功国小が地震紀念公園となり，断層帯は駐車場などに利用されている。一方，廍子里における禁建区は空地のまま住宅地内に放置されおり，立退き区域に隣接する住宅はもとの位置に再建されている（写真 7-3）。

7-5 台中市における建物・高層住宅の被害と地形条件

1）台中市の地形

　台中市は盆地の中央に位置する人口約 95 万人の台湾第 3 位の大都市である。近年，ハイテク産業を中心に経済発展が著しく，急速な市街地拡大が北および西方に進んでいる。台中市の位置する台中扇状地面は 130m から約 40m の高度をもち，南南西方向に約 0.96％の勾配で低下していく。面上には旧流路を踏襲すると推定される緑川，柳川，梅川，麻園頭渓など多数の河川が最大傾斜方向に南流している。これらは扇状地面を下刻し流路に沿って箱状の谷底低地を形成するが，高度 80m 以下で下刻が著しく最大 3〜5m の侵食崖を生じている。日本統治時代の都市計画事業によって，都心部の緑川，柳川，梅川は流路の付け替えや直線化工事が進み，現在では暗渠や廃川化された部分が多い。また，都市計画により建設された台中市街地は高度 65〜90m の湧水帯に位置する。このため，高度 60〜75m 付近に谷頭をもつ 6 本の小河川がみられる。また，東部の旱渓は約 200〜300m の幅広い氾濫原をもつ。表層部の地質は地表直下に厚さ 2〜5m の砂とシルトからなる細粒層，その下位には扇状地の主構成層である砂混じり中〜大礫層が厚さ 10m 以上にわたり分布している（工業技術研究院 2003）。

2）建物被害の特徴

　市街地の中心部は車籠埔断層から西へ約 4〜5km 離れている。加速度は地震

表 7-3　台中市区別の死傷者および建物被害（台中市政府 2001 により作成）

区名	死者	重傷者	死傷者数	全壊住宅	半壊住宅	被害戸数
中区	1	0	1	3	24	27
東区	9	10	19	34	401	435
西区	1	1	2	16	69	85
南区	5	2	7	846	2,158	3,004
北区	0	0	0	1,205	428	1,633
西屯区	1	0	1	0	99	99
南屯区	0	0	0	0	164	164
北屯区	97	35	132	696	395	1,091
総計	114	48	162	2,800	3,738	6,538

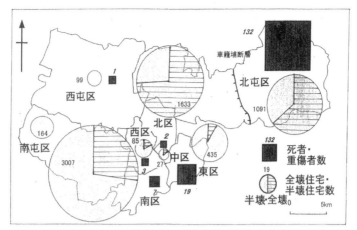

図7-6 台中市における区別被害の発生状況（台中市政府2001により作成）

断層が通過した北屯区で439ガル，他区では200～230ガル程度で震度は6に達した（台中市政府2001）。このため人身被害や建物倒壊が多発した。台中市における被害状況を表7-3に，区別の分布を図7-6に示した。死者は114名，重傷者48名，計162名の人身被害で，死傷率は0.017％である。また，全壊住宅2,800戸，半壊住宅3,738戸，計6,538戸で，全半壊率は2.3％に達する。住宅被害率が2.3％と高い理由は，高層集合住宅建築物（以下高層住宅と称する）が被災し被害戸数が多く数えられるためである。つぎに，逢甲大学GISセンター提供の被害データから全壊建物177棟の位置を同定し，図7-7の全壊等値線図

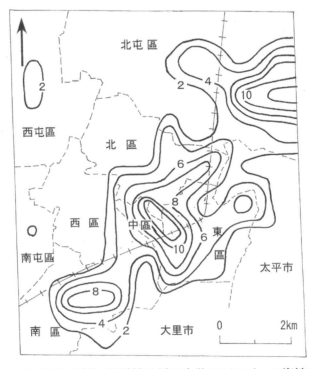

図7-7 台中市の全壊建物の等値線図（逢甲大学GISセンターの資料により作成）

を作成した。これから読み取れる点を要約しておこう。1）全壊率の分布は北北東－南南西方向に長軸をもつ。これは車籠埔断層とほぼ並行し，地震断層からの距離に対応した特徴を示す。2）全壊建物は①北屯区東部，②中，北，東の各区にまたがる中心市街地区，③南区の3地区に多い。①は地表地震断層が通過したことによる。②は台中車站付近を中心に中正路を軸とした旧市街地中心部で，建築年代の古い低層建築物が集中する。また，緑川や柳川の河岸で表層の軟弱層により震動が増幅された結果と考えられる。③は近年開発が進んだ地区で，緑川，柳川が旱渓に合流する低湿な氾濫原に位置する。ここでは表層に軟弱層が分布し，地下水位も高いため，地震動の増幅および液状化の影響が推定される。

3）高層住宅の被害と発生要因

高層住宅の被害と地形条件との関係を検討するため，被災建物の位置と水系を図7-8に示す。これには全壊18棟と半壊20棟の被災高層住宅（全体の95％を占める）の位置とその名称を示す。これから読み取れる点は以下の通りである。
1）高度別の被害分布では，高度40～50mが9棟，次いで70～80mに8棟，100～110mに6棟の順になる。すなわち，高度70～110mの間に22棟（全体の約6割）が分布する。この高度帯は多数の高層住宅が分布する中心市街地に一致している。一方，南部の高度50m以下で9棟の被害集中が生じた点が注

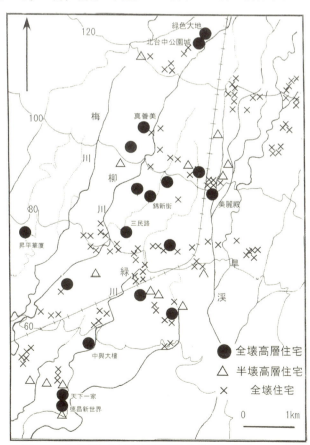

図7-8 台中市における被害建物の分布と水系

目される。2）旧市街地が位置する鉄道の北・西側では全壊12棟，半壊5棟に対して，新市街地である鉄道南・東側で全壊7棟，半壊14棟であった。前者で建築年代の古い建物が多かった可能性があり，後者では全半壊高層住宅の約半数が集中的に発生している。3）河川とその沿岸および谷底低地に位置するものが24棟あり，全体の63％を占める。鉄道北西側では緑川沿いの国強街，柳川沿いの錦新街や三民路，麻園頭渓沿いの昇平華廈などの高層住宅が全壊した。一方，鉄道東側では，旱渓の氾濫原や旧流路で全壊1棟，半壊4棟の被害が生じている。鉄道南側では緑川や柳川，旱渓の流路や谷底低地で全壊4棟を含む10棟が集中的に被災した。とくに，4名が死亡し341戸が被災した徳昌新世界，132戸が被災した天下一家，30戸が被災した中興大樓，406戸が被災した文心大三元の4棟が全壊高層住宅である。この地域は旱渓，緑川，柳川，麻園頭渓などの河川が合流する低湿地帯であり，劣悪な表層地質をもつ地形上で被害が多発したことを示す。西川（2000）や栗山他（2000）によれば，高層ビルの被害要因として，1・2階のピロティー形式や騎楼などの構造的欠陥，日本の約半分程度の耐震基準，手抜き工事による粗雑な建築などが指摘された。しかし，地形条件に支配された表層地質の性質も被害の発生要因として検討されねばならない。すなわち，建物の年代や素材，建築構造とともに，地形分類と表層地質についての検討が必要である。台湾では精度の高い地形条件図を整備し，地震災害の軽減に役立てるためのハザードマップの作成と普及が緊急の課題といえよう。

7-6 活断層法と地震博物館

1）活断層と土地利用規制

　台湾は921地震の被災経験を生かして，アメリカ合衆国カリフォルニア州（Calfornia Department of Conservation1997）やニュージーランド（New Zealand Ministry for the Environment 2003）に次いで世界で3番目に活断層法をもつ国となった（照本清峰他 2005，石同生・林偉雄 2005）。この規制にいたる経過と現状を要約しておこう。

① 1999年11月

　車籠埔断層に沿う変位帯で深刻な被害が発生したため，5千分の1スケールの地表地震断層トレース図を完成させた。そして，地表地震断層をはさむ片側50m×2の幅100m間を1999年12月まで再建禁止地区に指定した（建築法第47条）。

② 1999年12月24日

　1千分の1スケールの断層帯トレース図をもとに，都市計画区域では片側15m×2の幅30mの土地で2年間の建築制限を実施することに変更した（都市計画法第81条）。この禁建区内では公共建築物の禁止，自家用の建築物は2階建で高さを7m以下に制限，土地売買などに際し断層上の位置にあることを明

示するよう求めた。
③ 2001 年 12 月 31 日

　都市計画法第 81 条による幅 30m 内の建築制限が終了した。以後，都市計画法第 32 条の土地使用分区管制による建築制限を実施，自治体がその手続きや許可をおこなうことになる。
④ 2002 年 11 月 14 日

　九二一重建会は車籠埔断層帯土地処理方策を発表した。断層帯内の建物再建について，低密度の建物復興，断層直上の土地は土地交換や購入により駐車場や公園などに利用すること，高さ制限を空積率により実施すること，集落移転による再建などの方針を表明した。
⑤ 2005 年にはこれら断層帯両側の建築禁止や制限が解消された（王 2007）。
⑥ 2010 年 12 月

　中央地質調査所が推進した広範な地質現象と自然災害に関する規制や義務を明記した地質法が制定された（太田 2013）。これは地質景観，地下水，活断層や崩壊，地すべりなどの地質環境と災害に関わる地区を地質敏感区に指定，そこでの開発行為には調査義務と安全性の評価を受けることを定めている。
⑦ 2014 年 3 月

　活断層地質敏感区確定計画書が公表された。これによると，過去 10 万年間に活動したものを活断層とし，断層およびその両側で地表変形の影響をうける範囲を敏感区とした。変形帯の幅は 100 〜 200m，最大 500m までを想定している（経済部 2014）。さらに，活断層に関する最初の事例として車籠埔断層帯を対象に，敏感帯の範囲を 25,000 分の 1 地形図に明示した。地質法はカリフォルニア州の活断層法より柔軟で広範な内容をもち，活断層の危険度を公的に認め開発を規制する制度として注目すべき内容をもつ。わが国でも同様の法制化の必要性を強く要請するものといえる。

写真 7-4　921 地震教育園區　保存された光復中学校舎（2009 年 2 月撮影）

2) 921 地震教育園區

　　台中県霧峰に 921 地震教育園區が開設されたのは 2007 年である。これは総合的な地震博物館であり，その充実した内容は注目される（写真 7-4）。光復中学校敷地内の地震断層と被災校舎を保存し，地震と活断層，被害状況と復旧，復興までを扱っており地震関係としては世界最大規模のものだ。断層保存館，地震工学教育館，再建記録館，映像館，未来の防災教育館からなり，国立自然科学博物館が運営管理している（921 地震教育園區 2007）。断層保存館には野島断層保存館のノウハウが多く取り入れられた。地震と震災，復興の記念と記憶の装置，地震防災のための教育施設，日本語通訳者をおいて観光資源としても活用されている。台湾は活断層と地震災害の軽減，防災教育の普及において世界で最も積極的な取り組を進めているといえよう。

7-7　結論

1) 台湾における自然災害は毎年繰り返し発生する風水害によるものが最も重要である。しかし，過去 30 年間では 921 震災の巨大さが突出しており，同程度の直下型地震は約 50 年程度の間隔で繰り返し発生している。
2) 豊原市と台中市において地表地震断層と建物被害との関係を検討した結果，被害は逆断層に伴う撓曲帯内の地表変位による直接的結果であるといえる。
3) 台中市における死傷者および建物被害の発生は歴史的，地形的条件に支配されていることが明らかになった。また，被災高層住宅の 6 割強が流路沿いまたは谷底低地に位置しており，表層の軟弱層による震動増幅や液状化の影響が大きいと推定される。
4) 地震直後に緊急実施された活断層法は，その後社会的実情に応じて修正され，現実的なものへと進化している。また，921 地震教育園区は地震発生から復興までの震災に関する総合的な展示内容をもち，被災教訓を生かす優れた教育的取り組みとして注目される。今後，詳細な地形条件図にもとづく実用的な震災ハザードマップを作成，普及することが必要である。

第Ⅲ部
アメリカ・ニュージーランドの地震災害と復興過程

アールデコ建築（1999年）

第8章

1925年サンタバーバラ地震と復興過程

8-1 はじめに

アメリカ合衆国西海岸，サンタバーバラ市はロサンゼルスの北西約150kmに位置し，人口約8.4万人（2005年）を擁するサンタバーバラ郡の中心都市である。温暖な地中海性気候に恵まれ，中心市街地がスペイン風建築物の美しい景観をもつことから著名な観光地となっている。1942年カリフォルニア大学サンタバーバラ校の開設により学園都市として，また富裕な引退者の多いまちとして発展してきた。（図8-1）。

一方，カリフォルニア州は太平洋プレートと北米プレートの境界部に位置し，サンアンドレアス断層系をはじめ多数の活断層が分布する。過去約150年間でも1906年のサンフランシスコ地震，1940年のインペリアル地震，1962年のサンフェルナンド地震，1994年のロマプリエータ地震など大きな被害地震がくり返し発生，地震災害に対する対応と対策が重要な課題となっている。

1925年のサンタバーバラ地震（M6.3）により本市の中心市街地は大きく破壊された。しかし，市民と役所の協力によりスパニッシュ・コロニアル・リバイ

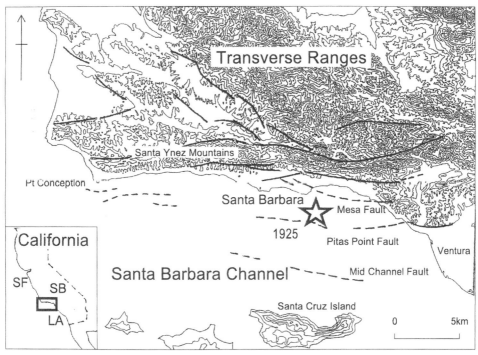

図8-1 サンタバーバラ地域の活断層と1925年地震の震央（等高線は300m間隔）

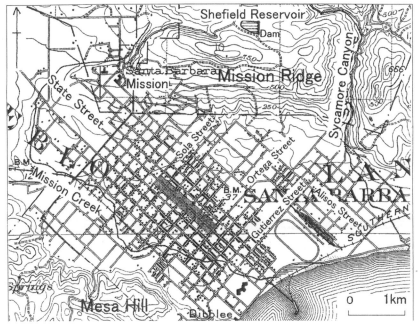

図 8-2　サンタバーバラの市街地と道路網　等高線は 50 フィート間隔（1901 年測量）

バル建築様式に統一された美しい都市景観を作り上げ，その美観により国際的観光地としての名声を獲得した。

　地震直後にアメリカ地震学会誌が本地震の特集号を出している（Willis, 1925 他）。その後，Olsen and Sylvester（1975）および Sylvester and Mendes（1987）が地震被害，Triem（1979）と Israel（1979）は緊急対応と復興について論じている。江口（1998）は震災復興と観光地化，秋本（2004）は建築規制について紹介している。本章では，1925 年サンタバーバラ地震を取り上げ，1）地震被害の実態と発生要因，2）緊急対応と復興計画，3）都市復興が成功した要因と地域リーダーの役割について検討したい。

8-2　歴史・地形環境

1）歴史

　本地区はカリフォルニア南部，サンタイネス Santa Ynez 山脈南麓に位置し，16 世紀にスペイン領メキシコの一部となった。1604 年ビスカイノスがサンタバーバラの日（12 月 4 日）に到達したことから，それが地名となった。1782 年にプレシディオ（砦），1786 年にはミッション（伝道所）が建設され，タウンシップは 1853 年に設定された（Tompkins, 1983）。海岸線に直交し低地の長軸に一致するステイツ通 State Street を基本軸として格子状街路を設定している（図 8-2）。1848 年にアメリカ領に併合され，ゴールドラッシュや大陸横断鉄道開通による経済ブームが生じ，先住民やヒスパニック系，東部からの白人らが共

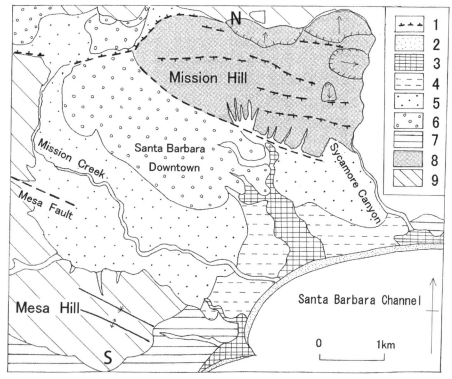

図 8-3　サンタバーバラ低地の地形分類図（空中写真と地形図の判読による）
1：活断層，2：浜堤，3：ラグーン，4：三角州，5：扇状地，6：低位段丘，
7：中位段丘，8：高位段丘，9：丘陵

存する複合文化的な地域を形成した。1870年代には「温泉をもつリゾート」や「地中海性気候で最も快適なまち」として富裕層や著名人がバカンスに滞在するようになる。1870年～1910年の間に人口は約4倍に増加，道路，電気，給排水などのインフラが整備されていく。1920年に上流階層の社交と文化向上のためのコミュニティアート協会 Community Art Association（以下 CAA と略称する）の活動が開始された。これはチェイス女史 Chase, P. らが中心になって演劇・音楽・美術などの活発な活動を行った。1922年には計画・植栽委員会と建築勧告委員会が設立され，都市や建築景観の美化，環境保全などに取り組み，スペイン風建築物（アドベ）の保存活動もおこなった（Brewster の私信）。2006年に市域人口は 85,681 人で，白人が 84.7% と圧倒的に多く，観光と UC サンタバーバラ校を中心に教育・研究部門が二大産業となっている。

2）地形

サンタバーバラはサンタイネス山地とサンタバーバラ海峡間の海岸低地に位置する。サンタイネス山地は東西方向にのびる地塊状山地で，南縁を南サンタイネス断層系により限られている（Dibble, 1966, 1986）。図 8-3 に地形分類図を示す。図 8-4 の南北地質断面によればサンタバーバラ低地はメサ断層に支配された断層角盆地として発達し，厚さ約 300m の第四紀層が中新層以下を不整合にお

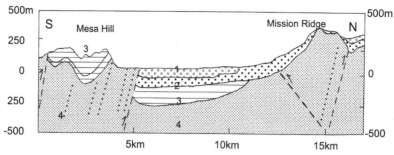

図8-4　サンタバーバラ低地の南北地質断面
（断面位置は図8-3のN-S, Gurrola 2000を改変）

おって楔状に堆積している。また，第四紀後期以降の扇状地性砂礫層の厚さは約65mに達する（Gurrola, 2000）。図8-3の地形分類図によると，本低地は北側をミッションリッジ，西側をメサヒルの高度230m以下の両丘陵に限られ，その境界には活断層のモアランチ断層やメサ断層が分布する。高位段丘は市街地北部の高度150〜230mのミッションリッジを形成する。中位段丘はメサヒル南縁に付着する高度40〜80m，幅0.7km程度の海成段丘として連続的に発達している。低位段丘はミッションクリーク北岸に広く分布する高度15〜80mの旧扇状地面で，中心市街地の大部分がこの上に位置する。新期の扇状地面は現流路にそって発達し，10m以下の下刻を受けている。その前面に三角州と浜堤が形成されており，両者間にラグーン性低湿地が分布する。これらの大部分は埋め立てられ住宅や公園，衛生プラントなどが立地している。ステイツ通沿いでは，カノンペルディド通以北は低位段丘，グティエレス通以南は三角州とラグーン，両者の間は扇状地に位置する（図8-6）。

3）地震活動

本地区は被害地震の多発するトランスバース地震区に属する（Jennings, 1985）。本地域の被害地震を表8-1に示す。1812年12月21日の地震ではサンタバーバラとサンタイネス両ミッションの鐘楼が破壊され，コンセプシオンのミッションは全壊した。

表8-1　サンタバーバラ付近の被害地震　（Sylvester & Mendes 1987により作成）

年月日	震央	マグニチュード	サンタバーバラの被害
1812年12月12日	サンタバーバラ海峡	最大級	150km圏内のミッションが大破
1902月7日27日〜12月12日	ロスアラモス付近	（群発？）	ロスアラモスが無人化
1925年6月29日	サンタバーバラ海峡	6.3	死者13名・被害額約2000万ドル
1926年6月29日	サンタバーバラ海峡	?	死者1名・被害中規模
1927年11月4日	アルゲーリョ岬沖	7.5	被害軽微・津波発生
1941年6月30日	サンタバーバラ海峡	5.9	被害額約10万ドル
1952年7月21日	ベイカーズフィールド付近	7.7	被害額約40万ドル
1968年7月〜8月	サンタバーバラ海峡	群発（最大5.2）	被害額約1.2万ドル
1978年8月13日	サンタバーバラ海峡	5.7	約65名負傷・被害額約731万ドル

1952年のカーン地震（M7.7）では本市中心部の商店街や住宅地で約40万ドルの被害がでた。1978年8月の地震（M5.7）によりサンタバーバラ市街地でMM（修正メリカリ震度階）Ⅶの震度が生じた。この地震により，負傷者65名，UCSB校の校舎や施設，モービル住宅や交通機関などに被害が生じた。被害額はUCSBの損害が344万ドル，全体で約731万ドルに達した（Miller and Felszeghy, 1978, Sylvester and Mendes, 1987）。

Yerkes & Lee（1975）によると本地区の微少地震は海底のピタスポイント断層とミッドチャンネル断層付近，陸上のメサ断層付近に集中発生している。メカニズムは南北圧縮による逆断層型が卓越する。これはサンアンドレアス断層の大屈曲による圧縮応力が支配的であることを反映する。

8-3　1925年地震によるサンタバーバラの被害

1）地震

1925年6月29日（月曜）午前6時44分，マグニチュード6.3の地震が発生した。震源は海底のピタスポイント断層とみられるが，メサ断層の海底延長とする意見もある（Norris, 2003）。波高約0.9mの津波が押し寄せ，鉄道線路以南の低地が浸水した（Easton, 1990）。図8-5の震度分布によると，修正メリカリ震度Ⅷ～Ⅸがサンタバーバラを中心に直径約50kmの範囲，震度Ⅶはサンタマリアからベンチュラ間の直径約130kmの範囲に生じた。翌年の同月同日にも地震があり，1名の死者と建物被害がでている。

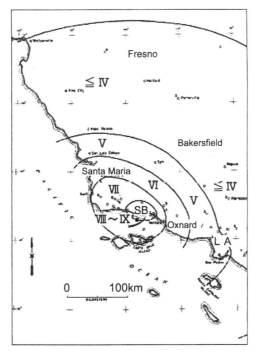

図8-5　1925年地震の修正メリカリ震度分布
（Olsen & Sylvester 1975に加筆）

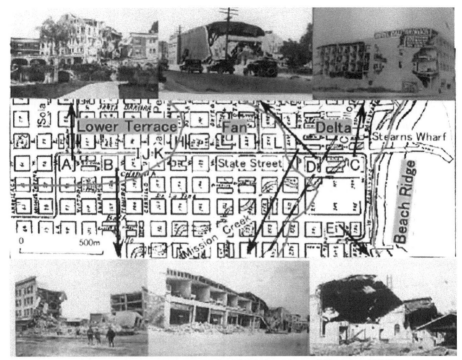

図 8-6　ステイツ通沿いの被災ビルと地形分類（A〜Kは建物写真の位置）

2）被害状況

①人的被害

死者 13 名，約 46 名が負傷した。死者の発生地点はアーリントンホテル 3 名，サンマルコスビル 2 名，屋外での落下物による 3 名，残り 5 名は不明である。
②建物被害：周辺ではミッションが大きく破損，住宅地区の被害は軽微で約 1,000 件のレンガ煙突が崩落した。一方，CBD 地区の建築物の被害は深刻だった。ステイツ通とその両側のソラ通とオルテガ通間の両側約 14 ブロック内の商業，ビジネス用建物に被害が集中した（図 8-6）。調査結果によれば，411 件の建物で全壊 74 件（18％），無被害 64 件（16％），未決定の 17 件を除く残り 256 件（62％）が破損し修理を必要とした（Burrell et al., 1925）。石やレンガ造の建物は大破し，材料と施工の悪いコンクリートも破損が著しい。鉄筋コンクリートは軽微な被害だった。アーリントンホテル（写真 8-1A）とサンマルコスビル（写真 8-1B）は深刻な被害を受けたが，両者とも建物の接合部が大きく破壊されている。また，NE－SW 方向の強い水平地震動が卓越したため，NW－SE 方向のステイツ通に面する建物はその側面が大きく破壊され，逆に正面と背面側の被害は軽微であった(Nunn, 1925, Olsen and Sylvester, 1975)。写真 8-2 のカリフォルニアンホテルの被災状況にそれがよく示されている。高層建築物のグラナダ（8 階），セントラル（7 階），カリーリョおよびカリフォルニアン（5 階），サンマルコスおよびアーリントン（4 階）などのビルでは上層階ほど大きな被害をうけたという（Sylvester and Mendes, 1987）。

第 8 章　1925 年サンタバーバラ地震と復興過程

写真 8-1　大破したアーリントンホテル（A），サンマルコスビル（B）

写真 8-2　側壁面が大破したカリフォルニアンホテル（C）

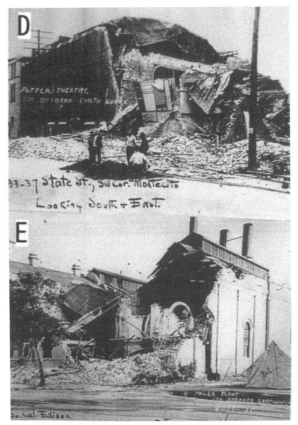
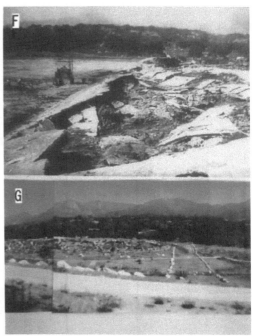

写真 8-3　南部低地における大破した建物
（D：ポッター劇場　E：エディソン発電所）

写真 8-4　液状化により崩壊したシェフィールドダム
（F）と現状（G，2007 年 8 月撮影）

　一方，三角州やラグーンの埋立地に位置する建物には深刻な被害が多い。ポッター劇場（写真 8-3D）やエディソン発電所（写真 8-3E），カリフォルニアンホテル（写真 8-2）やエルカミノホテルなどの大破がその事例である。③ダム：サンタイネス山地中に貯水用のシェフィールド Shefield ダムが 1917 年に築造された（図 8-4）。砂質土からなるアースダムは液状化により堤体が崩壊した（写真 8-4F）。約 3,000 万ガロンの水がシカモア Sycamore キャニオンを濁流となって流れ下り，小屋，家畜，樹木などを押し流したが人的被害はなかった。下流のボルンタリオ通とアリソス通間の低地は浸水し，水深は 60cm に達した。その後，1936 年にダムは縮小して再建され，さらに被害を根絶するために 2004 年に 650 万ガロンの地下貯水タンクに置きかえられている（写真 8-4G）。

8-4　緊急対応と復興事業

1）緊急対応

　表 8-2 に地震発生から緊急対応，復興に至る経過を要約した。地震直後に管理者がガスと電気を停止させたため，火災発生が防止された点は幸運であった。市

表 8-2 サンタバーバラ地震における対応と復興年表

年	月 日	事 項
1920年	8月	コミュニティアート協会（CAA）の活動が開始される
1922年	2月	CAA に計画・植栽部を設置しホフマンが委員長になる，スペイン風伝統建築の保存・普及のための建築勧告委員会（AAC）をおく
1923年	8月27日	都市計画委員会の設置が議会で可決される
1924年	5月	スペイン風の新市役所の建設，デ・ラ・ゲラ広場 の改良事業が竣工
		建築基準等に関する条例が成立する
	6月	24年に採択されその後廃案になっていたゾーニング条例が再可決される
	6月29日	午前6時44分，サンタバーバラ地震(M6.3)が発生，死者13名・負傷者約46名
		Board of Public Safety が市長アンデラを中心に立上げられる
	7月1日	Board of Public Safety and Reconstruction が議会の下に設置される
1925年	7月3日	市は Architectural Advisory Committee(建築勧告委員会)を設置，ホフマンを委員長に任命する
	7月7日	建築審査委員会 Architectural Board of Review（ABR）およびコミュニテイ製図室 Community Drafting Room（CDR）の設置を決定する
	7月11日	救済資金委員会が設置される
	7月13日	都市計画委員会がステイツ通の両側各4フィート拡幅および歩道のアーケード化を勧告する
	7月16日	ホワイトを委員長，ホフマンを書記とする ABR の設置が議会で承認される
	12月1日	市議会議員改選選挙を実施，3名中保守派の2名が当選する
	12月17日	耐震・耐火規制を含む新建築基準条例が議会で承認される
1926年	1月4日	新市長にアドリアンが就任し，ABR の廃止を訴える
	2月4日	議会で ABR の廃止案が可決される
	3月	ABR や CDR の活動が停止，復興のための主な組織が解散する

民は冷静に対応しパニックは生じなかったが，食料や生活物資は不足した。建築物の被害額は商業用・公共用建築物500万ドル，学校70万ドル，郡関係ビル53万ドル，総計約623万ドル（住宅や経済的被害を除く）に達すると推定された（Burrell et al. 1925）。

29日午後2時に市長アンデラ Andera とマネジャーのナン Nunn を中心に Board of Public Safety が設置され，救援と救護，治安維持，瓦礫撤去を実行するため市職員と警察を掌握した。無線により地震被害と援助要請が外部に伝えられたため，ロスアンゼルスやサンフランシスコなどの自治体や住民，企業から義捐金の供出，食料や衣類など援助物資が続々と運び込まれた。アメリカ赤十字社は医療や食料援助の中心となり，教会組織や救世軍，地域のボランティアも食料，衣類，金銭などを被災者に配布した。救援組織の本部や公的事務所，銀行のテント，食料提供場がデ・ラ・ゲラ Dela Guerra Plaza 広場に設置された。避難者用キャンプは設営されず，住宅に住めなくなった人達は庭や知人宅に仮住まいした。警察と海兵隊員（約300人が派遣）が治安維持と瓦礫撤去など復旧作業を担当し，ボランティアもこれに協力した。7月1日に市長，マネジャー，財務委員，5名の法律家からなる Board of Public Safety and Reconstruction（以下 BPSR と略称する）が議会の下に設置された。BPSR は建物の被害調査，建物解体や撤去の勧

告を出す権限を有し，ロサンゼルス市派遣の7名と市建築検査官らに建物調査を委託した。7月1日から3日間で411件の調査を終え，報告書を提出するという迅速な成果を上げた（Burrell et al. 1925）。これは被災建物の解体や修理などに関する勧告の根拠となった。復旧に必要な資金として，市へのローン2,200万ドルが調達されている。カリフォルニア州からの義捐金26.3万ドルは主に学校の再建資金に支出され，授業再開が順調に進んだ。一方，被災者を緊張と不安から解放し，みんなが一緒にくつろげるレクレーション活動は，チェイスらが指導するCAA（コミュニティアート協会）の活動として取り組まれた。バンドコンサート（毎水・土曜），映画の上映（毎日），野外劇やキャンプなどを企画し，子供達のために遊園地を小学校庭に開設した。市はこれに補助金を出す支援体制をとっている。また，市民クラブが野球やヨットのイベント，ボランテイア団体が歌や踊り，展示会や講演会などのイベントを提供した。このような活動が被災者から高く評価され，1929年にレクレーション委員会 Recreation Committee の設置が議会で決定され，役所に新しい部署が設けられている。

2）復興計画

市は7月3日に復興計画を立案する建築勧告委員会 Architectural Advisory Committee（以下AACと略称する）を設置した。ホフマン Hoffman, B. が委員長，建築家代表のヘイスティングス Hastings, M.T.，都市計画委員会代表のキュラン Curran, J.M. が理事に任命された。また，法律家や建築家，ビル所有者や経営者の代表らを顧問会委員に委嘱している。市民，地権者，ビル所有者，経営者らの意見を聴取，市建築局などとの調整などをおこない復興方針と実施計画を決定する役割を果たした。これに役人は参加せず，市民の代表らが中心的役割を果たす点に特色がある。7月11日には建物の再建や事業の再開への相談と資金援助などをおこなう救済資金委員会 Relief Fund Committee が設置されている。

中心市街地では約8割の建物が再建や修理を必要とした（Burrell et al.1925）。AACのメンバーや建築家グループはこの被災が新都市を創成する絶好の機会だと認識していた。地震前のステイツ通はアメリカの他都市と同じく雑多なビルの集合体であり，美観とはほど遠い状況だった（写真8-5 I）。地元新聞 The Morning Press は地震直後から「スペイン風建築による復興を」というキャンペーンを実施した。コミュニティアート協会はスペイン風建築の普及活動を以前から実施していた。市幹部らは市役所（1924年）やロベロ劇場（1924年）などスペイン風建築物の被害が少ないことに強い印象を受けた。このような背景から，彼らは再建，修理する建物をスペイン風デザインによって統一すべきだという信念をもつに至った。この方針を支持する市会議員や銀行家，芸術家，市民も多かった。

アドベ建築は白い壁面と赤い屋根瓦をもち，温暖で海と光に恵まれた地中海性気候の風土に調和し，伝統文化を重視したものとして市民に受入れられやすいものだった。当時はスパニッシュ・コロニアル・リバイバル様式の流行期であった。

写真8-5　ステイツ通の地震前後の景観変化，カノン・
ペルディド通の交差点から南をみる
（I：1920年代・J：地震直後・K：2007年8月撮影）

これは1915年サンディエゴで開催されたパナマ運河開通記念パナマ・カリフォルニア博覧会で高い評価を受け，1920年代にカリフォルニアで高い人気を得ていた（伊藤2002）。こうして，スペイン風デザインの耐震・耐火構造の建物を再建し，調和のとれた美しい都市景観美をつくる復興方針が決定された。

　7月7日，AACはこの方針を具体化するためにユニークな2つの組織を設置することを決めた。

　①建築審査委員会 Architectural Board of Review（以下ABRと略称する）
　都市計画委員会のホワイトWhiteが会長，ホフマンを書記，他に3名の建築

家が委員となり，7月17日に市議会で承認された。ABRは市建築局に提出された建築許可申請書を点検し，拒否する強い権限を有した。ABRは約9ヵ月間に928件の設計図を検討し，復興のガイドラインに適合するもののみ認可した（秋本2004）。約3割が修正を求められたという。ABRによる不認可や修正を避けるために自主的にスペイン風デザインを採用する申請が増加していった。

②コミュニティ製図室 Community Drafting Room（以下CDRと略称する）

これは適切な建築デザインや構造，設計について相談に応じる組織である。専任の建築士1名と4～6名の製図者を雇用し，運営資金はホフマンらからの寄付金を主な財源とした。ABRから修正を求められた設計に対して適切な助言やデザインを修正する作業を担当した。また，小住宅や店舗については無料で相談に応じた。こうしてステイツ通に沿いの雑然たる商業ビジネス地区がスペイン風の美しい景観に変貌していった（写真8-5K）。

本市における災害復興建築物の公的機関によるデザイン規制は史上最初の事例として注目される。サンタバーバラは統一的デザインにより見事な景観美をもつ都市として蘇生し，観光・リゾート地としての評価を高めることになった。これは市幹部の支援を受けながらAAC，ABR，CDRの三組織が復興方針を共有し，連携して作業を実施した結果である。アーキテクチュアル・コントロール（建築物規制）が成功した主要因がここにある。一方，これらが私有権の侵害だとして土地やビルの所有者は反対し，後にABRや建築基準をめぐって市議会で問題化していく。議会では，地震の約1ヵ月前に建築基準，18日前にはゾーニングに関する条例が通過していた。これらはホフマンらによって強く推進され，前者は安全性の確保や非常時の対処などを目的としていた。しかし，ビル所有者や経営者らが強く反対し，可決された案が後に廃案になり，さらに再可決されるという事件まで生じている。

9月には被災経験から耐火・耐震規定を含む新建築基準案が作成された。しかし，建築費が高いなどの難点があって反対に直面し，基準の譲歩を余儀なくされ，議会通過も12月17日にずれこんだ。ABRの方針は財産権や自由権を侵す恐れがあり，上流階層の意見の押付けだという強い不満が存在していた。こうした世論は1925年12月1日の市会議員選挙に大きな影響を与えた。3名の改選議席のうち2名が反対派に代わり，翌年1月4日に反対派のアドリアン Adrian が市長に就任することになった。この結果，2月4日にはABRを廃止する条例を可決，3月5日には解散することになった。復興が進むにつれて保守的雰囲気が支配的になっていった。しかし，地震から約10ヵ月後の1926年3月末には中心部の復興は一段落し，被災都市としては前例のないスパニッシュ・リバイバル様式によって統一された美しい都市景観が形成された。

8-5　バーナード・ホフマンの貢献

写真8-6　バーナード・ホフマン（1874〜1949）　1924年撮影

　地震後の復興において，スペイン風のデザインによる統一的な建築物再建を成功させた地域リーダーとしてホフマン Bernhard Hoffman（1874〜1949）の貢献を忘れることはできない。彼の足跡を Chase（1959），Tompkins（1983）により追ってみよう。ホフマンは1874年マサチューセッツのストックブリッジに生まれ，コーネル大学で電気工学を修めた技術者である。彼は裕福な家系の妻と結婚し，1919年娘の糖尿病治療のためサンタバーバラに転居してきた。東部出身の彼は伝統的なアドベ建築に魅せられ，1920年にコミュニティアート協会の活動に参加，1922年には計画・植栽委員会を新設して委員長に就任した（写真8-6）。とくに，スペイン風建築物を高く評価し，保存や新築を推進するための建築勧告委員会を設置し，ボランティア活動としてこの運動を展開した。

　市役所のデザインやその前面のデ・ラ・ゲラ広場の改造を計画し，1924年に市役所やロベロ劇場をスペイン風建築として完成させた。また，デ・ラ・ゲラ広場を市民が集える本来の機能をもつものに改良した。そして，周囲の建物壁面をスペイン風に変え，電線を地下に埋設した。この広場はその後 Spring Flower Pageant や Old Spanish Day Fiesta など市の重要な祭典や催しの会場として利用されるようになった（Helfrich, 2002）。一方で，彼は荒廃していたカサ・デ・ラ・ゲラ（1820年代のアドベ）を買い取って修理し，その周辺を Street of Spain に作り変えた。1924年に完成したエルパセオは全米に広く知られることになった（写真8-7L）。

　その後，これらの建物や広場は観光客の人気スポットとなり，市の貴重な文化遺産となっている。こうした活動を通じて，地域リーダーとしての指導力と発言力を高め，市当局との信頼関係を築きあげていった。スペイン風建築物とデザイン評価する活動は多く市民の賛同をえるようになり，地震前には市役所や劇場，高校，オフィス，火葬場などにも採用されるに至った。また，彼は，市の都市計画問題にも努力を傾注するようになり，1923年に市の都市計画委員会 City Planning Commission の設置を成功させた。1925年5月には建築基準を実施する条例が可決された。

　彼はミッションの西に隣接するガーデン通に自宅を構え，カサ・デ・ラ・ゲ

写真8-7　エルパセオの中庭と噴水（L）およびアナパカ通のアーケード式歩道（M）
（2008年2月撮影）

ラ23号室にオフィスをもっていた。彼が委員長を務める建築勧告委員会は地震直後の7月10日，市民への復興計画説明会を開催し，ステイツ通に面する建物デザインの統一，道路の拡幅やアーケード化などを提示した。また，都市計画委員会はステイツ通の両側を各4フィート拡幅し，歩道部をアーケード化する案を議会に勧告した。しかし，私有地の歩道化とアーケード化には反対者が多く，ステイツ通南部やアナパカ通の一部で実現されたにすぎなかった（写真8-7M）。これは車道幅を削減せず歩道を確保し，道路に面する建物の一階部を後退させてアーケードに変える案だった。復興事業が終息した1927年春，彼はコミュニティアート協会の会長を引退，1929年にはストックブリッジへ戻り1949年に75歳で逝去している。

8-6　考察

1）被害の発生要因

6月29日早朝に発生した地震（M6.3）により死者13名と約46名の負傷者が発生した。中心市街地の建物被害は深刻で，全壊18％，損壊62％と8割が被災した。石造やレンガ造，安価なコンクリートの建物は大破した。一方，周辺住宅地区では煙突の崩落や破損が目立った。地震動は北東－南西方向の水平動が卓越し，これと平行する壁面が大きく破壊される結果となった。被害は建築素材

および設計や施行技術の良否に大きく支配されており，再建に対する指針を与えた（Nunn, 1925）。被害の地域性では，ステイツ通 300 ブロック以南（グティエレス通より南西）の低地に位置するホテルや劇場，発電所などが大破している。これらは三角州やラグーンに位置し，埋立による地形改変地域にあたる（図 8-4・写真 8-1）。南部低地では表層の盛土や沖積粘土層などの軟弱層が厚く分布し，地震動が増幅されたため深刻な建物被害が生じた。

2）緊急対応

地震直後に管理者が電気とガスを遮断する処置をとったため，火災発生が防止された点で注目される。これは 1906 年サンフランシスコ地震の火災被害の教訓が生かされた好例である。一方，市役所の緊急対応や警察，軍，赤十字などによる救援処置は迅速かつ適切に行われた。警察と海兵隊が治安維持や瓦礫撤去に従事，これに市民ボランティアが協力して順調に進んだ。また，建物被害の迅速な調査によって被害実態が正確に把握され，建物復旧や再建，復興計画を立案する上での根拠を与えるものとなった。

3）復興計画

市長ら指導層の英断により，復興方針や実施計画を決定する建築勧告委員会が設置され，市民運動のリーダーたちを中心メンバーに登用し，役人は直接参加していない。ここでは市民の代表者が建築勧告委員会を運営し，それを役所や議会が支持する体制がとられた。市民運動の活動方針を尊重し，それを復興のポリシーとして採用するという市指導者の決断は画期的なものだった。ついで建築審査委員会やコミュニティ製図室の設置を実現したことは，復興方針を実現させるために不可欠であり，災害復興において前例のない先進的な取組みとなった。都市環境の美化と景観の保全活動を精力的におこなったコミュニティアート協会計画・植栽委員会の実績と組織力が評価された結果といえよう。この点は江口（1998）も指摘している。また，地震前にスペイン風建築の保存やデザインに関する活動が実践されていたこと，都市計画や建築基準などが議論され法制化されていたことが復興計画の実施に大きく貢献した。自治体，復興に関わる諸組織，そして市民が復興方針，すなわち耐震・耐火構造で，スペイン風デザインの建物で統一的に再建する方針を共有できたことが，画期的な復興事業を成功させた最大の要因といえる。そして，地域の風土と文化的伝統を尊重し，スパニッシュ・コロニアル・リバイバルを中心に伝統的建築の統一デザインによる景観美化を進めた。これらの建築規制は拒否権を有する建築審査委員会やコミュニティ製図室の設置により強化された。本市の震災復興事業は自治体が建築規制を条例化して実施した合衆国で最初の事例であった点で特筆される。さらに，1947 年には約 20 年前に廃止された Advisory Board of Review を再び設置する条例が採択され，今日に至るまで商業地域をはじめ集合住宅地区においても建築規制を実施しており，美しい都市景観を維持するため活動の拠り所となっている（秋本 2004，Brewster の私信）。

4）地域リーダーの活躍

ホフマンは地震前からCAAの活動家としてリーダーシップを発揮し，復興事業をリードした。彼の情熱と行動力が各種委員会や議会，役所を牽引し，中心市街地のスペイン風建築物による再生を推進し，建物のデザインや色の規制，建築基準，都市計画やゾーニング，アーケード式歩道など多くのアイデアを考案して実現に努力した。とくに，建築審査委員会やコミュニティ製図室などユニークな組織を設置し，復興のための重要な機能を果たした点は高く評価される。ホフマンの努力と貢献はサンタバーバラ市民から深く感謝され，後に全米の多くの人々によって賞賛されるものとなった。

5）景観保護

都市景観を保護するために，サンタバーバラ市は1947年1月にAdvisory Board of Review（ABR）を再設置して建築デザインに関する規制にのりだした。一方，1960年に市は歴史的建築物条例を決め，エル・プエブロ・ビエホ El Puebro Viejo 地区をランドマーク地区に指定，その後ミッション地区にも指定を拡大した。ここではスペイン風建築様式を踏襲することが強く求められる。また，1977年には同条例が改正され，歴史的ランドマーク委員会が設置された。同委員会はブリンカーホフ通 Brinkerhoff Avenue 地区を追加指定している。指定地区内ではアドベなど伝統的建築を保存し，建物の新築や改装に際してデザイン，色，扉などに厳しいガイドラインが決められている（Helfrich 2002）。また，高さも4階以下に制限されている。そして，今日まで歴史的建築の保存や建築デザインの点検・監視の拠り所として1920年代の建築審査委員会の思想が機能している点も特筆される。

8-7　結論

1) 1925年6月29日に発生したサンタバーバラ地震（M6.3）により，サンタバーバラ市街地ではMM震度Ⅷ～Ⅸの震動がおそった。このため，死者13名，負傷者は約46名に達した。
2) 中心市街地の建物は全壊18％，損壊62％という深刻な被害状況となり，建物の素材，設計，施行技術の良否が被害程度に強く影響した。また，海岸付近の三角州やラグーンの埋立地で軟弱な地質条件により地震動が増幅され，深刻な建物被害が発生した。
3) 地震3日後に再建・復興の中心組織である Board of Public Safety and Reconstruction が議会のもとに設置された。市は市民運動のリーダーたちが運営する建築勧告委員会を設置し，復興方針や実施計画を決定する権限を与えた。中心市街地の再建に当たって耐震・耐火構造で，スパニッシュ・コロニアル・リバイバル様式を中心としたデザインに統一する建築規制が実施された。復興方針を実現するために，建築申請をチェックし拒否権を有する建

築審査委員会および建築デザインや設計の相談に応じるコミュニティ製図室を設置するなど画期的な組織が設置された。その結果，統一的デザインによる建築復興が実現された。
4) コミュニティアート協会の指導者であったホフマンは震災復興の方針と計画を決定する建築勧告委員会の委員長に就任し，中心的役割を担って指導力を発揮した。地震前から都市計画や景観・建築物の保護などの市民運動のリーダーとしての実践が評価されたのである。行政と市民団体とが共通の復興目標に向かって協力し，新たな都市づくりを成功させたのである。

注
1) 本論文に用いた地震関連の写真は許可を得て University of California Santa Barbara, Davidson 図書館の Department of Special Collections のものを利用した。同図書館に謝意を表します。

第9章

1931年ホークスベイ地震によるネーピアの被害と復興

9-1 はじめに

　ニュージーランドは太平洋南西縁のプレート境界に位置する変動帯である。北島は太平洋プレートのオーストラリアプレートに対する沈み込みによる島弧を形成しており，地震や火山活動が活発で自然災害が多発してきた。このため，過去170年間でも繰り返し被害地震が発生し（表9-1），そのたびに迅速で適切な災害対応や個性的な復興事業が行われてきた点で注目に値する。ニュージーランドは小国ながら，世界に先駆けて取り組んだ先住民や女性の権利保障，社会福祉，行財政改革，震災復興などの成果により『世界の実験場』とよばれる。

　本章では，北島の東海岸に発生した1931年ホークスベイ地震をとりあげる。本地震については Callaghan（1933），Henderson（1933）による調査報告，Hull（190）による地震地質学や Dowrick（1998），Dowrick et al.（1995）による建物被害の工学的研究がある。また，被害と復興について Daily Telegraph（1931），Barton（1932），Chapple（1997）Annabell（2004）の報告があり，市史の視点から Campbell（1975），震災誌として Conly（1980），McGregor（1989, 1998, 1999），Wright（2001）による著作や Stewart（2009）による写真集などが出版されている。また，地震直後に多くの震災記念写真集が発行された[1]。

　緊急対応や復興過程における国，自治体，住民の協力体制や復興精神，教訓化

表9-1　歴史時代の主な地震

年月日	地震名	マグニチュード	震源の深度	断層運動の性質	死者
1848年10月16日	マールボロ	7.1	浅い	横ズレ	3
1855年1月23日	ワイララパ	8.2	浅い	逆断層成分を伴う横ズレ	5
1888年9月1日	北カンタベリー	7.3	浅い	横ズレ	0
1929年3月9日	アーサーズパス	7.1	15km	横ズレ	0
1929年6月16日	ブラー（マーチソン）	7.8	20km	逆断層	17
1931年2月3日	ホークスベイ	7.8	30km	逆断層成分を伴う横ズレ	258
1934年3月5日	パヒアツア	7.6	下部地殻	横ズレ	0
1942年6月24日	ワイララパ	7.2	15km	横ズレ	0
1968年5月23日	イナンガファ	7.4	15km	逆断層	3
1973年1月5日	ノースアイランド	7.0	173km	沈み込み帯メガスラスト	0
1987年3月2日	エッジカム	6.6	10km	正断層	6
2009年7月15日	フィヨルドランド	7.8	12km	逆断層	0
2010年9月4日	ダフィールド	7.1	10km	横ズレ	0
2011年2月22日	クライストチャーチ	6.3	5km	横ずれと逆断層	185

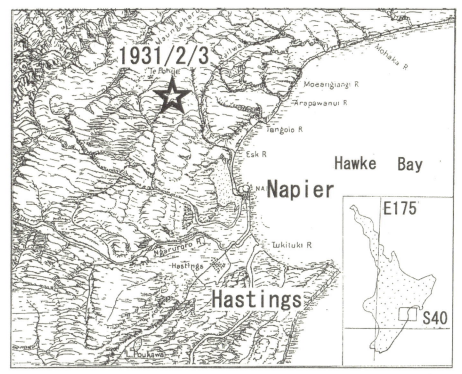

図 9-1　ホークスベイ地方の鳥瞰図と 1931 年地震の震央（Henderson1934 による）

において模範とすべき点が多いにもかかわらず，わが国ではほとんど知られていない。そこで，地震災害の全体像を把握する視点から，被災都市ネーピアにおける被害と発生要因，緊急対応と復興事業の進行過程について明らかにする。さらに，地震後に政府が取り組んだ復興の諸施策について検討したい。

9-2　歴史・地形環境

1）歴史

　ネーピアは北島中部の東海岸，ホーク湾の南西岸に位置する（図9-1）。1769年10月エンデボアー号で航行中のキャプテンクックがシンディ Scinde 島沖に停泊した。この島は東西 2.5km と南北 1.5km の卵型の小丘をなし，砂州がアフリリラグーンを閉塞している。潮流口付近のインナーハーバーは捕鯨船の基地となり，その後貿易港に発展していった。1851 年に政府の土地買収官マクレーン McLane はマオリから 26.5 万エーカーのアフリリ・ブロックを 1,500 ポンドで購入，1855 年にはシンディ島も 50 ポンドで入手した。ドメット Domett はシンディ島周辺の測量図を作成，南端の狭い低地にタウンシップを設定した。そして，街路に英国詩人やインド総督の名をつけて 1856 年に売り出した。本地域は図 9-2 に示すようにラグーンや三角州が広い面積を占め，シンディ島とそれに付着した低地，砂州のみが居住空間であった。1858 年に 343 人の人口を有した

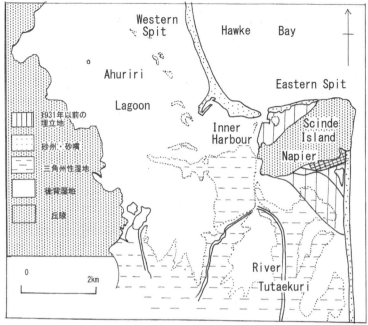

図9-2 ネーピア付近の古地理図（1851年頃，その後の埋立地を追加）

写真9-1 ネーピア中心部の空中写真（1936年撮影，IGNSによる）

が，その後周辺地域への入植が進み，羊毛や羊肉の出荷のためインナーハーバーが建設されたため，貿易港として発展した。ネーピアには金融業や貿易業が進出し，ホークスベイ地域の中心都市としての地位を確立した（写真9-1）。1874年にはヘイスティングスとの間に鉄道が開通，1891年にはパーマストンノースを

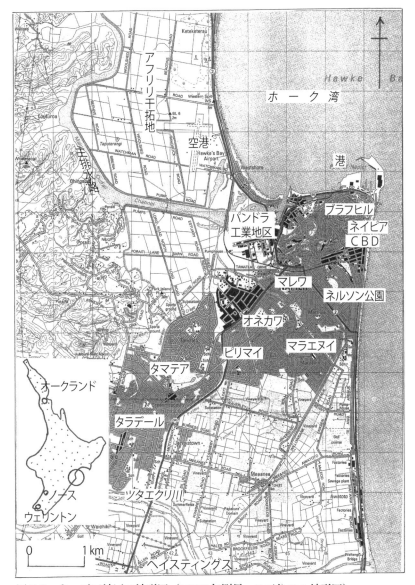

図9-3 ネーピア地区の地形図（1999年測量，5万分の1地形図）

経由してウエリントンと接続された。人口は1891年に8,341人に増加している。しかし，インナーハーバーの水深が浅く大型船が着岸できないため，シンディ島北東端に人工港湾（breakwater）を建設する工事が1887年に開始され，1896年にグラスゴー埠頭が完成した。地震時にインナーハーバーが隆起して浅くなって利用できなくなったため，新埠頭は重要な機能を果たすことになる。

ネーピアの位置するホークスベイ地域は地中海性気候下長い日照時間に恵まれ，牧畜のほか果樹や野菜の栽培が盛んである。ネーピアは地域唯一の貿易港をもち，人口57,200人（2006年）の政治，経済，商業，サービスの中心である。また，観光客に人気の海岸保養地でもある。1950年にバラから市へ昇格した。南へ約20km隔たった農畜産物の生産と食品加工業が盛んなヘイスティングス

と双子都市をなし，人口総数は約 12.5 万人となり，国内で 5 番目に大きな大都市域を形成している（図 9-3）。

2）地形

ネーピア付近には砂州によるバリアーシステムが発達している。南砂州と北砂州により南北約 8.3km，東西幅約 2km のアフリリ湖がラグーン化している。南方からツタエクリ川 Tutaekuri が鳥趾状の低湿な三角州を形成して流入してくる（図 9-2）。南砂州は長さ約 8km，幅 30m 前後の細長い礫質砂州をなし，シンディ島との接続地付近に市街地が発達している。シンディ島は高度 100m 前後の丘陵で，周囲は急斜面で限られている。また，ラグーンの潮流口は幅 100m 以下と狭いが，港への出入口として重要である。当初は東砂州の先端付近にアイアンポット埠頭が作られ，その後埋立により港湾地区が拡張されアフリリ港と呼ばれるようになった。本地域ではラグーンや三角州が卓越するため，用地不足が深刻な問題となる。

9-3　1931 年ホークスベイ地震とネーピアの被害

本地震は付加体内の覆瓦断層群の 1 つが活動して発生した M7.8 の直下型地震である。震央はネーピア北方約 15km，震源の深さは約 20km。図 9-4 の震度分布では，北東－南西方向約 80km に MM（修正メリカリ震度）X が生じ，北島南部全域で MM VI を経験した。北東走向で西傾斜の逆断層が活動した結果，長さ約 90km，幅約 17km の非対称なドーム状地震性地殻変動が生じた（図 9-5）。Hull（1990）によると断層北西側は最大 2.7m の隆起，南東側は 1m 以下の沈

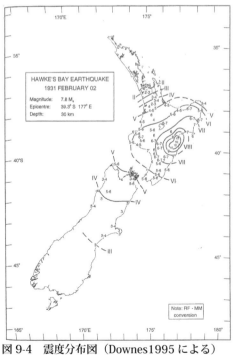

図 9-4　震度分布図（Downes1995 による）

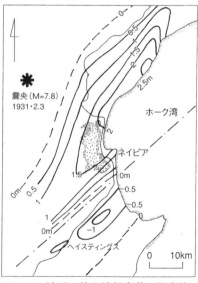

図 9-5　地震に伴う地殻変動，等変位線は 0.5 m ごと（Hull1990 に加筆）

降が生じ，上盤側のアフリリラグーンは隆起して排水が進み乾陸化してしまった。

1) 地震被害

1931年2月3日（火曜）盛夏の午前10時47分，強烈な地震動が襲った。このためネーピア市街地を中心に大被害が発生した。地震発生以後の復興に至る経過を表9-2に示す。

①人身被害

史上最大の258名の犠牲者が生じた。ネーピア地区で162名（死亡率1.0%），ヘイスティングス地区で93名（同0.85%），他3名の計258名に達した。負傷者はネーピアだけで2,500人以上に達し，約400人が病院で治療を受けている。図9-6の死者の分布によると，ネーピア病院14名（うち9名は患者），ネーピ

表9-2 ネーピアにおける震災関係年表

西暦	月日	事項
1931年	2月3日	午前10時47分 M7.8の直下型地震発生，死者258名（Napier162名，Hastings93名，他3名）に達する
		海軍艦 Veronica が地震発生を各地に打電，午後より水兵が救援活動に従事
	2月4日	Napier Citizens Control Committee が立上げられ Wohlman が委員長に就く，6日には Morse に交代する
	2月4日	Earthquake Relief Committee が設置され8部会に分かれて緊急活動を開始
	2月4日	Dunedin と Diomede が救援物資や救援隊員，医師・看護婦らを積んで海路到着
	2月4日	Daily Telegraph 紙は印刷施設を破壊されたが，News Bulletin1号を発行，13日の8号まで継続
	2月5日	中心部の電気が復旧
	2月7日	総督 Bledisloe 卿が Napier と Hastings を慰問
	2月10日	総理大臣 Fobes と閣僚らが Napier と Hastings を視察
	2月11日	上下水道が復旧
	2月17日	中心市街地で営業用建物の再建を当面禁止する
	2月21日	Building Regulation Committee が第1回の会合をウエリントンで開く
	3月3日	Napier議会は Brown 町長の方針により Barton と Campbell をコミッショナーに指名
	3月11日	政府が Hawke's Bay Rehabilitation Committee を設置，Barton と Campbell をコミッショナーに任命
	3月11日	Napier Citizens Control Committee は解散し権限を HBRC に移譲する
	3月16日	政府資金により臨時のショッピング・オフィースセンター Tin Town が営業を開始
	4月8日	Hawke's Bay Earthquake Act が国会を通過
	4月22日	Daily Telegraph 紙が Santa Barbara の1925年地震からのスペイン風建築による復興を紹介
	5月19日	Hawke's Bay Adjustment Court が Napier に開設
	7月1日	有力市民のボランティア組織 Napier Reconstruction Committee が活動開始
	11月1日	Earthquake Relief Fund Act が国会を通過，義捐金の使途を承認
1933年	1月	復興を祝う New Napier Carnival を開催
	4月	Hawke's Bay Rehabilitation Committee は権限を Napier 議会に返還して解散
	5月4日	NCCC の委員長を務めた Morse が町長に選ばれ，NRC の10名が議員に当選
	5月15日	新 Napier Borough Council が開会
1935年		Earthquake Building Code 法が成立
1944年		Earthquake and War Damage 法が成立，地震保険制度が開設される

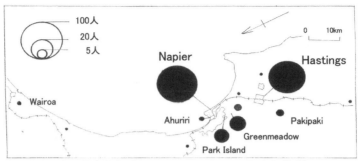

図9-6　死者の発生分布（Daily Telegraph1931により作成）

ア病院看護婦寮7名，パーク島老人の家15名，ネーピア技術学校10名，グリーンミドウ・セミナリ（現ミッション）9名などの犠牲者が多い。夜勤明けで睡眠中の看護婦や学校の講堂に集合していた生徒らが建物倒壊により死亡した。都心部での死者の6割は歩道や建物から飛出した人がアーケードや外壁の装飾物の落下によって命を落とした。年齢別では，11～20才代が最多の42名，21～30才代36名，41～50才代の35名，31～40才代の30名となっている。犠牲者の56％が11～40才の青壮年層だった。遺体は海岸に面する裁判所の木造建物に仮安置された後，86体はパーク島の共同墓地に葬られている（写真

写真9-2　パーク島の共同墓地の震災犠牲者慰霊塔（2004年2月撮影）

9-2）。

②建物被害

図9-7に被害の著しかった地区を示す。ネーピア中心市街地では建物の約9割が倒壊，焼失し，92％の家屋が被災したとされる（Chapple1997）。3軒の薬局のバーナーから出火，東風にあおられて延焼していった。水道管やポンプ場が破壊されたたため消火活動はほとんどできず，商店やオフィスが集中する中心部は灰燼に帰した（写真9-3）。著名なホテルや劇場が全壊，レンガおよび石造の建物被害が顕著であった。砂州上の建物は被害が軽微であったが，液状化で傾い

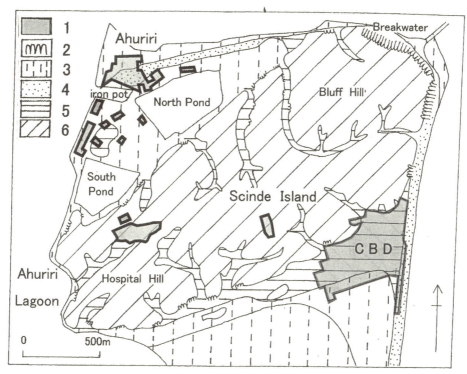

図9-7　ネーピアの地形分類図と被害の著しい地区の分布（アミ部分）
　　1：被害激甚地区　2：落石・崖くずれ　3：埋立地・干拓地　4：砂州・浜堤
　　5：後背湿地・谷底低地　6：丘陵

写真9-3　ネーピア中心部の被災状況（左が北，地震約1ヵ月後，道路は左から順
　　に Tennyson, Emerson, Dickens の各通，Ten Months After － New Zealand's
　　Great Disaster による）

たものもある。木造家屋の被害は一般に軽微であるが，約3,000件のレンガ煙突が破損した（被害率は約7割）。アフリリ港ではウエストキー West Quay 埠頭の倉庫群が大破，火災により商店などが焼失した。地表には顕著な割れ目や地表変形が生じ，鉄道が途絶した（Stevenson1977）。丘陵ではネーピア病院や看護婦寮が被害を受けたが，全体に被害は軽微であった。急斜面で崖崩れが多発し，道路閉鎖や家屋倒壊を生じた。被害の少ないブレイクウオター港への道路が不通となったため，まず西側の道路を開通させた。これによって救援物資や派遣人員，避難者などの輸送が可能となり，緊急・復興作業の動脈として機能した。

2）緊急対応

①市民コントロール委員会

発震直後，ウエストキーに停泊中の軍艦ベロニカ号が無線により地震発生を打電した。同日午後に水兵が人命救助や消火活動，食料や必需品の配布などに従事して大いに感謝された。翌4日午前7時30分から，警察署で市民と役人が集まり救助・救援活動を組織化するため市民コントロール委員会（Napier Citizens Controll Committiee,NCCCと略称）を設置し，警察署長バウマン Wahlmann, W.G. が長に選ばれた。医療，食料配給，給排水・衛生，埋葬，警備，避難，交通・通信，取壊・建設の8小委員会を置いて市民のボランテイア活動が開始された。また，赤十字や救世軍，YMCAによる援助活動が貢献したことも特記される。4日午前8時半には食料，薬品，テント，毛布および医師15名，看護婦11名，270名の救助隊員を乗せた2隻の救援船がオークランドから到着した。市民，海兵，救助隊員らは協力して瓦礫撤去，建物の解体，上下水道やポンプ場の復旧作業などに取り組み，晴天に恵まれて作業は順調に進んだ（写真9-3）。瓦礫は隆起により海岸線が前進したマリンパレードの海浜に放棄され，後に追憶とレジャーの公園用地として整備されていく。

NCCCはネルソン公園に本部と診療所，避難所，相談窓口を設置，軍の支給した2,500人分のテントとベッドで避難住宅を設営した。また，6日には鉄道が復旧して子供や婦人，身寄りない老人ら約1,200人がウエリントンやオークランドの施設や教会へ送り出された。近隣の病院は使用不能のため，ダンネビルケやパーマストンノースの医療機関に多数の負傷者が収容された。余震が続くなか，ネルソン公園では最大6,700人がテント生活を送り，約2,000人は道路や庭でテント生活を余儀なくされた。結局，16日までに約6,700人が去ったと推定され，人口の約6割が流出したことになる。地元新聞デイリーテレグラフ（Daily Telegraph）は工場と印刷機が全壊したにもかかわらず，翌4日に地震とその犠牲者名を記載したNews Bulletinを発行，13日の8号まで発刊を続けた。これは情報が少ない被災者にとって貴重なよりどころとなった（Daily Telegraph 1931）。被害額は住宅や家財31.2万ポンド，公共建物13.7万ポンド，学校11.9万ポンド，地方経済150万ポンドなど総額で約232.51万ポンドに達したと推定されている。

9-4 復興過程

1）ホークスベイ復興委員会

緊急対応が一段落した3月3日，ネーピア議会は町長ブラウン Brown, V. の意向に従って復興事業を指揮するコミッショナーとして，財政学の専門家で法律にも明るいバートン Barton, J.S.（写真9-4）と公共事業省の技師キャンベル Campbell, L.B. の2名を任命することを決定した。バートンは1927年ネーピア港に関する王立調査委員会の議長として手腕を発揮したことがある。政府はホークスベイ復興委員会（Hawke's Bay Rehabilitation Commission, HBRCと略称）を設置し，同じ2名をコミッショナーに任命することを3月

写真9-4　HBRCのコミッショナー，バートン（Conly1980による）

11日に承認した。そして，町議会は復興に関する全ての権限をHBRCに移譲した。ネーピアは1933年5月15日まで約2年間にわたりHBRCの直轄下におかれ，復興事業を強力に推進していくことになる。地震翌日から5週間にわたり救援救助活動を続けてきたNCCC市民コントロール委員会は解散した。HBRCはHerschel通のAthenaeumビルに事務所を置き，市民生活とサービス機能の回復，商業・ビジネスの再開，建築物の再建など，を目標に活動を開始した。立法以外の大幅な権限と資金を有し，住宅再建，生活や営業活動の再開に必要な資金貸与，建築物や都市再建の計画立案，審査など財政面と企画管理面で大きな機能を果たした。地震前の貸借や利権関係，資金の貸与などを審査するホークスベイ適正審査所（Hawke's Bay Adjustment Court）も設置された。

当時は世界大恐慌下，国家経済は農産物価格の低落，失業と財政赤字にあえいでいた。しかし，緊縮財政をとる統一党と革新党の連立政権の総理大臣フォーブス Forbes, G.W. らの努力により同年4月に政府の復興方針と予算，復興委員会の権限などを決めるホークスベイ地震法（Hawke's Bay Earthquake Act）が，11月には義捐金の使途に関する地震救済基金法（Earthquake Relief Fund Act）が成立した。これにより寄付金を中心とする80万ポンドが与えられ，借款として300万ポンド（個人救済金125万，自治体に25万，政府に150万）が供与された。

1932年末までの救済基金からの支出内訳は，食料・医療など9.5万，住宅修理24.1万（8,493件），死者・負傷者の扶養費支給4.7万，個人ローン補助0.8万各ポンドで，総計39.3万ポンドになる。また，HBRCの総支出額は，営業活動再開の資金84万，地方自治体の再建資金25万，公共建築再建20万，道路・橋の復旧8.4万，鉄道復旧3.5万，公共緊急サービスの復旧・補助5.5万，測量・地図作成7.2万，失業雇用賃金10万，その他の経費13.4万各ポンド，総計で約177万ポンドに達する。

2）ネーピア再建委員会

　ネーピアにおける最大の課題は中心市街地の復興と経済活動の再開だった。有力な政治家や経営者ら13名からなるネーピア再建委員会（Napier Reconstruction Committiee NRCと略称）が結成され，HBRCと協調しながら復興事業推進に主導的役割を果した。ボランティア組織のNRCは復興目標を，地震前より安全で美しく住みよい中心市街地の復興をかかげ，HBRCと協力しながら活動した。復興事業の内容は　①Emerson StとTenyson Stを3m拡幅する，②Dickens St, Dalton StやChurch Laneなどの街路を拡幅する，③交差点の角を剪除する，④歩道上のベランダの支柱を撤去し鉄骨による吊り下げ式とする，⑤電線・電話線・下水溝は地下に埋設する，⑥マリンパレードを整備する，⑦建物の構造やデザインに統一性をもたせるため共同事業とする，など画期的な内容であった。NRCはこれに反対する地権者や経営者を説得し実現への道を開いていった。また，土地や建物の権利書，測量図などが焼失したため関係者が納得できるまで討論し権利関係を処理したという。

　2月17日の都市計画決定まで営業用建築物の再建は禁じられた。しかし，住民生活に商業・サービスの再開が必須であることから，政府資金2万ポンドにより3月16日にクライブおよびメモリアル両広場にトタン木造の54店舗や事務所からなるティンタウン（Tin Town）を開業させ，買物とサービスの提供，憩いと交流の場として利用された。中心部の建物再建には耐震耐火構造の鉄筋コンクリート造2階建を原則とすることが決められ，8月からは新建築の第1号となるMarket Reserveビルの建設が始まった。

　一方，4月22日に地元紙デイリーテレグラフは復興にあたり景観美の重要性を指摘，1925年地震で破壊されたサンタバーバラがスペイン風デザインで美しい建物再建を実現し，ショウタウンとして復興した事例に学ぼうと訴えた（図9-8）。建築デザインについてネーピアとウエリントンの建築家ら4名が連合を作り，統一的デザインにする方針をもち，協議しながら望ましい設計と施工をおこなうことにした。高価で装飾の多いビクトリア風やゴッシク風デザインは排され，風土に適合したスペイン風またはモダンで安価なアールデコ様式が多くのビルに採用された。

　建築家Finch&Westerholmはスパニッシュコロニアル様式，Williams E.A.やLouis Hayはアールデコ様式のデザインに優れた手腕を発揮した。提出された建築申請のうち586

図9-8　デイリーテレグラフ1931年4月22日の記事

写真 9-5　マリンパレードのサウンドシェル音楽堂と T&G ビル
（2014 年 8 月撮影）

件がコンクリート 2 階建として許可されたが，強化コンクリート構造で梁や柱には鉄骨を入れる耐震耐火構造が基準となった。約 1 年 4 ヵ月後の 1932 年 6 月までに 129 件の商店が開業することになった。Emerson St とその周辺には水平な屋根の線，長く続く窓列，優美な装飾，直線やジグザグ線の多用などで特徴づけられるアールデコ風 2 階建の建築物が立ち並んだ。これらの復興建築物群は優れた都市景観を創出し，おしゃれで個性的なネーピアの観光シンボルとなった。また，瓦礫の埋立によりマリンパレードは拡幅され，海側の空き地は新生ネーピアを記念するヴェロニカ号の鐘（1935 年），サウンドシェル音楽堂（写真 9-5），噴水（1937 年），アーチ（1940 年）やコロネイド，日時計などが設置され，夜は多色のライトアップがおこなわれるなど，市民の誇る憩いと記念の公園になった。

　1933 年 1 月 21 ～ 28 日にはネーピアの復興を祝う New Napier Carnival が催された。その後，HBRC は復興に関する事務を終了し，1933 年 4 月に権限をネーピア議会へ返還して解散した。バートンは獅子奮迅の活躍ぶりからミスター・リハビリテーションと賞賛され，町長への就任を懇望されたが断り，ウエリントンへ戻った（Axford 2007）。同年 5 月 4 日の町長選挙では NCCC の委員長を勤めた Morse が当選，NRC のメンバー 10 名が議員に選ばれた。

3）アールデコ・トラスト－保存から活用へ

　1960 年代の経済成長期に 2 つの 5 階建ビルが都心部に割り込むように建設され，都市美に悪影響を与えた（写真 9-6）。その後も図 9-9 に示すように高層ビルが増加したため，開発と景観保護をめぐる論争が高まった。そして，市民に復興建築物の歴史的価値を評価し文化遺産として保護，保存しようという機運が高まってきた。1985 年にボランティア活動としてアールデコトラストが組織され，建物を美しく塗装しなおす運動が始まった。また，復興建築物が脚光をあび観光資源になりうることも認識され，市民がアールデコシティとしての誇りをもつよ

写真 9-6　エマーソン通のアールデコ建築と 5 階建ビル（2005年 8 月撮影）

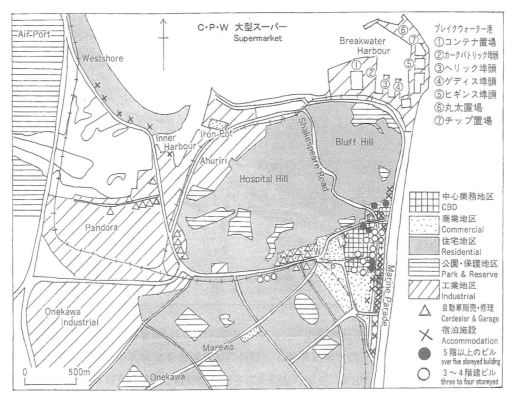

図 9-9　ネーピアの土地利用と高層ビルの分布（2005 年 8 月調査）

うになった。1989 年から毎年，アールデコフェスティバルが催され，世界的に注目されることとなった。現在では 2 月第 3 週末に多彩な行事を実施するアールデコウィークエンドとして知られ，世界中から観光客が集まってくる（写真9-7）。

　市は伝統景観の保護を目的に 1991 年アールデコ地区を指定した。ここでは新建築物の高さを 10m 以内とし，再建・改装時のデザインについてガイドライン

写真9-7　アールデコウイークエンドの光景（2004年2月撮影）

写真9-8　マレワ地区のアールデコ住宅（2005年8月撮影）

を決め，景観保全のための強い規制を実施している（City of Napier, 2005）。ダウンタウンは世界最大のアールデコ建築の集積地となり，統一デザインによる見事な建築美を誇る。アールデコトラストは事務所と売店を構え，情報提供や震災と復興建築をテーマにした街歩きツアーを毎日催している。アールデコ関連事業の経済効果は年間約1,000万NZドルに達するという。

4）干拓事業

　地震に伴ってアフリリラグーンの湖底約7,344エーカーが干上がった。これは土地不足の深刻なネーピアにとって貴重な贈り物となった。ラグーンの所有権は小島群を除き，1874年にネーピア港理事会（Napier Harbour Board, NHBと略称，現在Hawke's Bay Harbour Board）がマオリから取得していた。ラグーンの干拓が計画され，農牧地の造成を目的に国営干拓事業が実施された。

　政府技師ロチフォートRochfort, G.は　①周辺丘陵からの流入水を防ぐために幅250mの主排水路を建設し，②これに直交する直線状副排水路網をはりめぐ

らせ，③地震隆起で流路を変えた南部のツタエクリ川を付け替え海へ直接放流させる計画を提案，採用された。

政府は 1ha あたり 25 セントで 21 年間にわたる地代契約を NHB と結んだ。工事は 1934 年 2 月に着工，延長約 17km の主排水路，延長約 55km の副排水路，ポンプ場などを建設，3 年後の 1937 年末に竣工した。事業は地震による失業者の雇用対策として貴重なものとなった。政府の助成金から賃金が支払われている。干拓地の底質は肥沃なシルトが卓越していたが，牧草地化には排水と脱塩化の作業が不可欠であった。1937 年には 1,060 エーカーの牧場となり羊と牛の飼育が開始されている。

干拓地の東側にはネーピア市街地の南縁に接する低湿地帯が広がっている。そこでネーピア当局は NHB から約 475 エーカーを借用し，住宅地として開発することにした。政府都市計画局のモーソン Morson らが中心となって，放射状と円弧状の街路を組み合わせたガーデンシティを創出する計画が立てられた。1934 年から整備工事が開始され，1935 年には宅地が売り出された。1938 年までに 110 戸の個人住宅と政府の住宅用地（state housing）120 件が許可され，ここがマレワ地区（Marewa）となっている（写真 9-8，図 9-3）。

第二次大戦後の経済成長期に住宅事情はさらに逼迫し，用地不足が深刻な問題となった。このため，マレワ以南の低湿地や国営干拓地が住宅地として開発され，北から南へと市街地が拡大していった。1947 年にオネカワ（Onekawa），1957 年マラエヌイ（Maraenui），1961 年ピリマイ（Pirimai），1968 年タマテア（Tamatea）と南方へ住宅地区が拡大した（図 9-3）。2001 年に干拓地内の人口は 2.24 万人に達し，市民の 41％が旧湖底や低湿地内に住む状況になっている。また，干拓地内のオネカワウエスト地区とパンドラ地区（Pandora）には工業団地が開かれ，1964 年開業のホークスベイ空港も干拓地におかれた。新規に開発されたこれらの土地は地盤高の低い旧湖底や低湿地であり，表層に軟弱な地層が分布しているため，水害と地震災害の両面で危険性の高い土地条件を持つ点に注意しなければならない。

5）建築基準と地震保険

①建築基準

本地震による市街地の壊滅的な被害に対して，政府は 1931 年 2 月 21 日に建築基準委員会（Building Regulation Committee）を組織し，建築物の耐震性と安全性を確保するための新たな建築基準を定めることにした。これは地震前の the standard of building construction に根本的な訂正を加えるものである。同年 6 月に詳細な報告書 Building Regulations Committee（1931）が提出され，1935 年には Earthquake Building Code Act が制定された。これは新建築について，位置，目的，地質条件を示し，基礎や壁，内装，煙突などの耐震基準を満たさなければ許可しないとするものである。公共建築物にはさらに厳しい条件を課している。

②地震保険

本震災で被災者が保険により受け取った補償は損害額の約1割に過ぎず，住宅再建には不十分であった．また，1942年のワイララパ地震（M7.0）により首都を中心に約1.2億ポンドの損害が発生，政府基金が欠乏して救済金支給に困難を生じた．これらを契機として公的な地震保険制度の導入が検討される．1944年に国が損害補償をおこなうEarthquake and War Damage Actが成立，1945年にこのための基金が設立された．地震保険は大蔵大臣の所管する政府系法人の地震委員会（Earthquake Commission）が管理，運営するものである．当初は地震と地震火災による損害を補償するのみであった．1950年に風水害，54年に火山噴火や地すべりなどにも拡大され，自然災害保険といえる．これは火災保険に加入することで自動的に付帯され，加入率は9割に達する．1994年に法令が改正され，2000年現在の保険額は居宅に対して補償額100ドルあたり5セントの掛金で，住宅は11.25万ドル，家財は2.25万ドルまでを補償限度額とする（損害保険料率算定会2000）．これはEQカバーと呼ばれ，住宅相場の約二分の一程度とみられ，EQカバーの不足分を民間保険が補充する役割をもつ．

9-5　考察

1) ホークスベイ地震によるネーピアの最大被災地は後背湿地と埋立地に発達した中心市街地で，約9割の建物が倒壊，焼失して焦土と化した．アフリリ港でも埋立地で倒壊と火災が発生し，液状化により道路と鉄道が寸断された．ネーピアは活動した逆断層から約5km隔たった上盤に位置したことが強い震動を受けた理由であり，地形的には後背湿地や埋立地で軟弱地盤による揺れの増幅が生じたことが推定される．

2) 犠牲者が集中発生したのは粗悪な木造建物の老人の家，レンガ造のセミナリや工芸学校，構造上問題のあるコンクリート造のネーピア病院看護婦寮などであった．

3) アフリリ港に停泊中のベロニカ号は地震発生を即座に発信し，同艦の水兵らは直ちに救助救援活動に従事した．翌日には船による救援隊や物資の輸送が迅速に行われた．これらは適切な処置として住民から感謝されている．翌日には市民のボランティア活動として市民コントロール委員会が立ち上げられ，8部門に分かれて緊急を要する作業に従事した．

4) ネーピア議会は財政学の専門家バートンと鉄道技師キャンベルをコミッショナーに指名，政府は復興計画の立案から実施，予算配分を取り仕切るホークスベイ復興委員会を設置して同じ2名をコミッショナーに任命した．こうして，町議会は復興に関わる権限を同委員会に委譲，約2年間にわたって政府機関の管轄下に置かれ，復興事業が強力に推進された．一方，有力市民らがネーピア再建委員会を組織，復興委員会と協力しつつ復興事業を推進した．住民との交渉と説得に取り組み，道路の拡幅と角剪除，電線や排水路などの

地下埋設，電柱やベランダ支柱の撤去，などを実現させた。新建築物は鉄筋コンクリートの耐震耐火構造が基準となり，デザインをアールデコやスペイン風に統一したことは注目される。現在，アールデコ建築の世界最大の集積地として貴重な観光資源となり，市民にとって誇り高い文化遺産となっている。

5) 本地震の経験から政府は建築基準をより厳しく改正した。また，本地震や1942年地震において被災者への補償資金が少なく住宅や営業の復旧が遅延したため，国の地震委員会が運営する地震保険制度を創出した。現在ではEQカバーとよばれる自然災害保険に進化し，加入率は約9割に達している。

9-6　結論

1) 1931年ホークスベイ地震によるネーピア市街地の激甚な被害は逆断層上盤および後背湿地や埋立地などの劣悪な表層地質条件に支配されたものであった。
2) 緊急対応の立ち上げは早く，翌日から海兵，救援隊，住民らの組織的な活動が実施された。また，周辺自治体やオークランド，ウエリントンなど援助や協力関係は良好であった。
3) 復興にあたって計画決定と執行を兼ね備えた政府主導のホークスベイ復興委員会が組織され，強い権限と資金力を有した。有能な指導者のもとで地域と連携しつつ復興事業を推進する原動力となった。また，住民のボランティア活動であるネーピア再建委員会は安全と美観を中心とする市街地の復興プランを打ちだし，アールデコの景観美を誇る新都心を創生させた。
4) 干拓地事業は失業者の雇用と新たな土地の獲得に成功した。しかし，住宅や工業用地として大規模な開発が進められ，現在では市民の約4割が居住する住宅地区として発展している。このため，干拓地の災害危険度が極めて高い状況になっている。
5) 被害教訓を生かすべく政府は建築基準の改正や地震保険制度を実施した。これは現在でも活用される貴重な遺産となっている。

注

1) 記念写真集として以下のものが1931年に発行されている。
① The illustrated story of the Hawke's Bay Earthquake disaster，② Suvenior booklet of the New Napier，③ Reconstruction ten months after，④ The Napier Earthquake

第10章

1931年ホークスベイ地震による
ヘイスティングスの被害と復興

10-1 はじめに

　1931年2月3日（火曜）午前10時47分，北島東岸を中心にホークスベイ地震（M7.8）が発生した。この地震によりネーピアおよびヘイスティングスの中心市街地は建物倒壊や火災などにより甚大な被害を被った。ネーピアについての研究が多いのに対し，ヘイスティングスについては少ない。Butcher（1931）やCallaghan（1933），Brodie（1933）による直後の報告やScott（1999）の当時の記録は貴重である。Dowrick（1998）の工学的検討，Fowler（2007）による建築物と被災に関する詳細な記載がある。また，Conly（1980）のドキュメント，Boyd（1984）やWright（2001）は市史において復旧や復興を論じている。本章では地震による被害実態，復興に至る震災の全過程について検討する。とくに，地震被害と復興過程についてネーピアの場合と比較し両者の特徴と相違点について考察する。

10-2 歴史・地形環境

1）地理と歴史

　ヘイスティングスはネーピアの南方約20km，ヘレタウンガ平野の中央に位置する内陸都市である（図9-1）。1864年にタンナー Tannerがマオリから土地を租借，ブロックを入植者に貸与して開発が始まった。その後，12人の開拓者が土地を購入して牧畜業が広まった。1871年に鉄道がヒックス Hicksの所有地を通過することが決定，駅予定地の100エーカーの土地にホテルや商店が開業して市街地の核となった。1874年の鉄道開通後に急速な発展を示した。1884年にヘイスティングスと称し，1886年にバラ，1956年に市へ昇格した。1989年にはホークスベイ・カウンテイとハブロックノースが統合してヘイスティングス郡を構成するようになり，人口は7.14万人（2005年）に増加している。

　ヘレタウンガ平野は肥沃で排水のよい土壌と長い日照時間に恵まれ，果実，野菜，花卉の栽培が盛んな農業地帯を形成しており，ニュージーランドのフルーツボールと称される。ヘイスティングスは農畜産物の集散と食品加工業の中心地として強い経済力をもつ。20世紀後半以降に果実と蔬菜栽培が活発化し，リンゴ・ナシ・桃の生産量は全国最大である。近年のワインブームによりブドウ園が急増している。本地域では，毎年夏季12月から4月の約5ヵ月間は収穫繁

写真 10-1　ヘイスティングス中心部の空中写真（1936 年撮影，IGNS による）

忙期で，約 1 万人の季節労働者が流入する特異な現象が生じる。ヘレタウンガ Heretaunga 通沿いに商店やオフィス，公的施設などが延長約 2km にわたって立地し，細長い CBD を形成している（写真 10-1）。

2）地形

図 10-1 にヘレタウンガ平野の地形分類図を示す。中央にナルロロ川 Ngaruroro が形成した広い扇状地が分布し，上位から F1,F2,F3,F4 の 4 面に区分される。

F1 面は東部および島状分布をなすものがあり，本面形成時にナルロロ川はロイヒル Roys Hill とウオッシュプール Washpool の間から東流，広い扇状地を形成していた。ヘイスティングスの位置する島状の F1 面は北西部で高度 15 ～ 16m，南東端では高度約 10m に低下する。本面上の南東方向の旧流路は洪水時の一時的流路で，幅約 300m の微高地をなす。F2 面時にはナルロロ川流路はロイヒル とフェーンヒル Fern Hill の間から南東方向への新ルートに移動，F1 面を侵食した谷を流れるようになった。F3 面の流路は F2 面期の流路およびフェーンヒルから東流するものとに分流していた。F4 面期の主流路は F2 面と F3 面をわずかに刻み込んで南流し，1867 年の大洪水では流路沿いと下流のクライブ Clive で広域的な浸水が発生した。このため，1869 年にロイヒル とフェーンヒル間に堤防を構築し，フェーンヒル北側の現流路に固定された。1897 年にもイースター大水害が発生している。

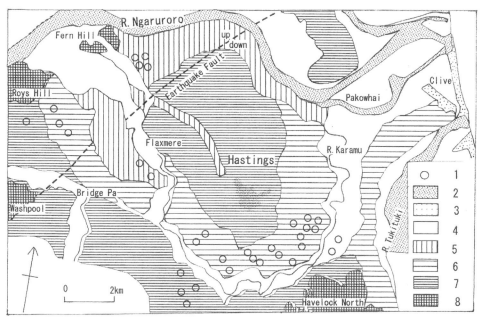

図10-1 ヘレタウンガ平野の地形分類図（空中写真と地形図判読により作成）
1：揚水風車，2：現流路，3：浜堤，4：F4扇状地面，5：F3扇状地面，6：F2扇状地面，7：F1扇状地面，8：丘陵

一方，旧流路に沿ってカラム川 Karamu が無能河川として蛇行しつつ流れている。図10-1に示す地下水くみ上げ用風車の分布はナルロロ川の伏流水が旧流路に沿って南東流していることを示す。なお，ヘイスティングス市街地は扇状地F1面に位置し，ナルロロ川の治水事業が進んだため水害危険度は低くなっている。しかし，火災が頻発しており，1893年と1907年には市街地の大部分が灰燼に帰す大火になった。

10-3　1931年ホークスベイ地震による被害

1）地震の特徴

本地震はホーク湾を北北東に走る逆断層の活動によるもので，震源はネーピア北方約15kmの地下約20kmと推定される（Hull1990）。断層運動により上盤のネーピア付近で1～1.5m隆起，下盤のヘイスティングス付近では0.5～1mの沈降が測定された。図10-1中の地震断層線は水準測量により推定された変位線で，地表に断裂は現れていない。ヘイスティングス中心部はこれから約5km離れた下盤側に位置する。

2）被害実態

午前10時46分の強い震動により，市街地に大きな被害が発生，同日20時45分頃の余震により被害はさらに拡大した（写真10-2）。市街地で発生した被害について詳細な検討がされていない。以下では Avenue Road, Lyndon St, Nelson St, Hastings St により限られた CBD 地区 24 ブロックごとに被害を検討

写真 10-2　空から見た地震直後の中心部の状況（Hastings Libraly による）

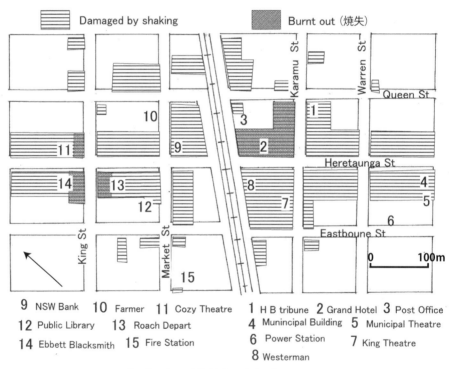

図 10-2　ヘイスティングス中心部の建物被害の分布（Fowler2007 などにより作成）

してみよう（図 10-2）。

①人的被害

　本地区で死者 93 名，負傷者約 2,500 名が発生した。地震前の人口は約 1.12 万人で，死亡率は 0.9％である。死者発生地点の約 7 割を確認でき，図 10-3 にブロックごとの死亡数を示す。火曜の営業時間帯に発生したため，ヘレタウンガ通に面

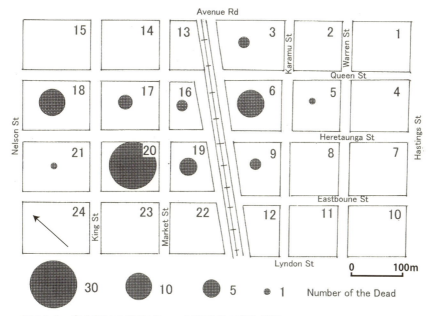

図10-3 中心部におけるブロック別死者の発生状況

する6, 9, 16～20ブロックの商店や事務所の従業者，買物客などが建物倒壊，アーケードの落下などにより犠牲になった。ブロック20で27名の最多犠牲者が発生した。とくに，ローチデパートの客と女店員合わせて17名の死亡は単一建物では最多で，負傷者も多く出た。このデパートは2階建吹きぬけ構造で，売場面積を広げるために支柱を撤去しており脆弱な構造に改変されていた。地震直後に全壊，火災も発生している。レンガ造の図書館も全壊，2階の新聞閲覧室を中心に10名の死者が出た。ブロック6とブロック18では各10名の死者が発生した。前者では全壊したレンガ造5階建のグランドホテルと郵便局で各3名の犠牲者がでた。後者ではコジー Cosy 劇場の倒壊により9名の死者，そのうち5名は2階の美容

写真10-3 ヘレタウンガ通の被災状況（口絵16左と同一地点）

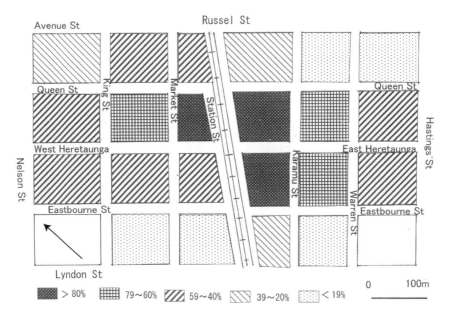

図10-4　中心部におけるブロック別建物被害率の分布（Fowler2007により作成）

室の店員と結婚式参加のため来店中の女性客2名だった（図10-2）。

②建物被害

　ヘイスティングスの被災建物142棟のうち約85％がCBD地区で生じた。24ブロック内では約275棟中120棟，44％が被災，全壊率は21％に達する。ヘレタウンガ通に面する建築物群（12のブロック）では全壊率58％と高い値を示す。（写真10-3）。

　ブロック別被害率を図10-4に示す。ヘレタウンガ通に面する両側で40％以上の被災率を示し，被害が集中している。とくに，ブロック6，9，16では被災率は80％以上に達する。レンガや石造など耐震性の弱い建物に被害が集中しており，外壁崩壊により内部が露出する被害も多い。また，アーケードや壁面装飾物の落下も顕著だった。一方，図10-4の図外は工場と倉庫，木造住宅が多数を占めており，被害は軽微である。レンガ煙突の多くが崩落し，家具や食器棚の転倒，破損も深刻であった。結局，89棟が解体された。

③火災

　4カ所から出火し，全体の約11％にあたる29棟を焼失。図10-2に焼失部分を示す。ブロック18はコジー劇場の菓子店から出火し全焼，ブロック20ではローチデパートとリッチェなどが炎上，ブロック21ではエベット蹄鉄工店が全焼した。電気技師の努力でヂーゼルエンジンが1.5時間後に回復し地下水をくみ上げて消火活動を実施，大火になる直前で消し止めた。しかし，午後10時の余震によりブロック6のグランドホテルが倒壊，ウエッバービルとチャップマングロサリーから出火した。発電所は再被災して停電し，消火ポンプが使用不能になった。このため，ナイト薬局やカラム通に面するユニオン銀行に延焼した。バケツ

と手動ポンプによる消火によりナショナル銀行付近で消し止めた。幸運にも，火災は最小限に抑えられた。その要因として，全壊した消防倉庫より2台の消防車を引き出した消防士の献身的活動，発電機を迅速に修理した町職員の必死の努力，4つの井戸から地下水を消火に利用できたことが指摘できる。

10-4 地震後の対応と復興過程

1）緊急対応

地震から復興への経過を表10-1に要約した。ヘイスティングス中心部では電気，ガス，水道が使用不能となった。3日午後に修道女らが医療所を競馬場内に開設し，使用不能になった病院から医師らを集めた。3日間で66人に手術，250人に手当を施した。水の運搬や煮沸には市民ボランティアが協力した。

表10-1 地震後の対応と復興関係年表

年	月日	事項
1931年	2月3日	10時47分にM7.8の直下型地震が発生，ヘイスティングスで死者93名，負傷者約2500名に達する
		14時New South Wales銀行前に旧軍人らが集まり，Holdernessを委員長としてCitizens Committeeを設置する
		16時よりピケ開始，CBD地区への無許可者の立入を禁止，20時以降は全面立入禁止とする
		19時役所の集会を役所前で開き，緊急課題として埋葬・電気と水道の復旧・がれき撤去・食料管理の4班を決める
		20時41分頃に余震，火災の発生および建物被害が拡大
	2月4日	10時に役所の集会，Slaterが食料管理者に任命される
	2月5日	町長Roach休暇より戻りCitizens Committeeに参加，以後は毎日9時に招集する
		Hawke's Bay Tribune紙が地震臨時1号を発行，14日の11号まで継続する
	2月6日	ウエリントン行の1号列車が避難者を乗せて出発
	2月7日	水道と電気の一部が復旧
	2月9日	CBD地区の街灯照明が復旧
	2月10日	小売商組合がCentral Schoolで集会，当面は仮店舗とすることやヘレタウンガ通の拡幅を決定
		Fobes総理大臣ら閣僚が慰問と巡視に訪問
	2月11日	Citizens Committeeが作業を役所に引きつぎ解散，屋外で学校の授業が再開される
	2月21日	住宅に電気復旧，市街地の瓦礫撤去が完了，瓦礫はSt Leonarld Parkなどに放棄
		レンガを公園の歩道や橋などに再利用する失業対策事業を実施,
	2月24日	町長Roachを委員長にHastings Earthquake Relief Committeeを設置
	3月9日	Business Restration CommitteeがDrill Hallで会議，政府援助を要請
	3月11日	Hawke's Bay Rehabilitation Committee（HBRC）がネーピアに設置される
	4月8日	Hawk's Bay Earthquake Actが成立，政府の復興資金などを決める
	7月10日	内務省のMowsonがヘレタウンガ通の拡幅による補償額を5,476ポンドと算出
	7月末	役所がヘレタウンガ通の拡幅計画案を断念
	8月31日	HBRCがヘイスティングスの建物再建用のローン1,294件，20,663ポンドを認可
1932年	1月	Building Construction Actが実施され，再建建築物は許可制となる
	10月6日	町長が復興カーニバルをネーピアより早く実施することを決定
	11月29〜12月2日	ヘイスティングスの復興カーニバルが開催される

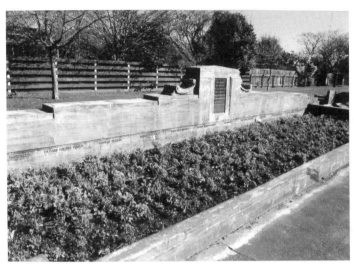

写真 10-4　ヘイスティングス墓地の犠牲者慰霊碑（2010 年 8 月撮影）

YMCA は遺体安置所となり 3 日間で 50 体が運び込まれた。その後，87 名の犠牲者がカンベリー Camberley の共同墓地に埋葬されている（写真 10-4）。

発震当時，町長のローチ Roach G.F. は休暇中のため不在だった（写真 10-5）。Market 通の事務弁護士ホルダネス Holderness H.H. は混乱する状況をみて行動を開始した。彼は第 1 次大戦時フランス戦線のウエリントン部隊の司令官である。彼は戦友や部下を集め，3 日 14 時に事務所斜め向かいのニューサウスウエルズ銀行前で会合を開いた。これは市民委員会 Citizens Committee とよぶ組織となり，彼を委員長として以下の作業分担と責任者を決めた。①ピケ・パトロール：ペンリントン Penlington，②食料管理：キッシュバーグ Kirshberg とスレーター Slater，③輸送とガソリン規制：マンソン Manson。かれらは旧軍人で俊敏に行動を開始した。ペンリントンは学生を含む約 150 名の市民を集め，2 交代制の昼夜兼行でピケと警備を 11 日まで続けた。目的は不審者の侵入防止と CBD からの無許可滞在者の排除であって，多くの季節農業労働者の流入に配慮した処置である。その後，市民委員会はドリルホール Drill Hall に本部を移し，5 日にはここを食料や雑貨のデポに利用，組織的配給が可能となった。さらに，避難者への対応や指示，テントやガソリンのチェックと配給などに取り組んでいる。一方，銀行家や法律家，経営者など有力市民が Hastings Borough Earthquake Executive Committee（以下 Executive Committee とよぶ）を組織し，緊急対応と復旧に当たった。

写真 10-5　ローチ町長（Fowler2007 による）

被災した役所の助役ヘンダーソンは消防団長を兼務しており忙殺された。役場が被災したため，3 日 19 時にやっと役場前に職員を招集し，電気・水道の復旧，道路上の瓦礫撤去，死者の埋葬など緊急に取り組むべき作業を決定した。4 日に

写真10-6　トタン造の仮店舗（Hastings Libralyによる）

は避難者用テントの設営，外壁崩壊により露出した商業地区の商品や貴重品の回収，略奪防止のピケ，主要道路の閉鎖などを実施した。食料の管理と支給にはキング劇場を利用した。4日には電気と水道の一部が復旧，5日に町長ローチが職務に復帰，Executive Committee に参加して議長となり，役所と協調体制をとるよう努めた。役場の会議は以後ウエスリーホールで開かれる。地元紙ホークスベイトリビューン Hawke's Bay Tribune は建物と印刷機が使用不能になったが，5日には犠牲者や救援情報を掲載した earthquake edition1 号を発行した。緊急情報などが住民に周知されたため，不安や混乱は少なかったという。これは14日の11号まで継続している。道路と鉄道の復旧も進み，6日朝にはウエリントン行き1号列車が避難者を乗せて出発，その後も約200名の子供や女性らを輸送した。8日時点で約2,000世帯の住民は屋外または他地区で避難生活を余儀なくされている。地震後1週間は晴天つづきのため屋外生活も快適で，この間に煙突修理を迅速におこなった。2月11日に市民委員会はその役割を役所に引き継いで解散した。

　11日には学校の授業が校庭やテントなどで再開された。16日頃からヘレタウンガの裏通にトタンの仮店舗が開店し（写真10-6），18日にはストットフォード Stortford で家畜のせり市が再開された。不況下，失業した農業労働者を雇用するのは容易であったが，地元住民を優先する方針が堅持された。

2）復興事業

　地震発生時は世界恐慌の最中で，ニュージーランド経済は深刻な不景気の渦中にあった。ヘイスティングスの損害総額は約22万ポンドと推定され，不況下における復興がいかに困難な事業であったかは想像に難くない。

　2月24日，ローチ町長を委員長とするヘイスティングス地震救護委員会 Hastings Earthquake Relief Committee が設置され，国会議員，政府・役所の職員，商工業者，教育やマオリの組織の代表が委員に選ばれた。政府の緊急救援資金か

ら約2万ポンド，町長の資金3,200ポンドが支出され，死傷者への見舞金や住宅修理費に充てた。第1に住民の衣食住および日常生活の維持，第2に建物再建とビジネス再開が課題となった。

3月11日に国の復興事業を統括するホークスベイ復興委員会（HBRC）がネーピアに設置された。4月8日ホークスベイ地震法 Hawke's Bay Earthquake Act が成立，約150万ポンド（25万ポンドを自治体に，125万ポンドを復興事業に利用）の政府救援資金が決まった。ネーピアは復興に関する権限をHBRCへ委譲したため，約2年間直轄地区となって急ピッチで復興事業は進む。ヘイスティングスは町長ローチをリーダーとして地震救護委員会が中心となり自力による復興事業の道をとることになる。

1931年内に住宅再建資金として24.1万ポンドが提供され，ヘイスティングスには2,683戸分の約4.8万ポンドが配分された。これは1戸あたり約18ポンドとなるが，修理費用には不十分だった。このため，資金を自己調達せざるをえない人達が多かった。一方，ネーピアには3,229戸分の約13万ポンドが配分され，これはヘイスティングスの約2倍にあたる1戸あたり37ポンドで，明らかに優遇されている(Chapple1997)。また，保険会社から役所建物の損害補償として1.1万ポンドを支給されたが，2.3万ポンドが不足し借入を余儀なくされた。復旧費用の重い負担とネーピアとの格差，申請手続の煩雑さと執行の遅延など，ヘイスティングス住民はHBRCに対して強い不満をもつようになる。

一方，政府は建築基準法の抜本的改正を検討中であり，1931年内は仮建築物しか認めなかった。このため，CBD地区の建物再建は1932年1月以降に耐震耐火構造を義務づけて許可された。ヘイスティングスでは補助金の不足や自力による資金調達のため迅速な復興はできず，ヘレタウンガ通沿いの商業用建物の所有者らが個別に資金を確保することになった，復興には1932年から1935年までの約4年間を要した。HBRCはヘイスティングスの1,294件，建物再建申請に対して，約2万ポンドのローンを認めた。また，オープンマーケット開設資金として1.24万ポンドの利子つき貸付をおこなった。

ヘイスティングスに供与された資金は被害推定額の11分の1程度という低さだった。このため，ヘイスティングス住民はHBRCがネーピアを優遇し，ヘイスティングスに十分な補償額を給付していないと不信感を持った。

3）商業とビジネスの再開

2月10日に商店経営者や建物所有者など約125人が参加して小売業組合 Retailer Associated の会議が Central School で開かれ，復興事業と営業再開について討論した。そして，営業再開委員会 Business Restoration Committee（BRC）を組織して委員を選び，1週間後に YMCA で会議を開いた。そこで，①ヘレタウンガ通の拡幅計画を支持すること，②営業と雇用の再開を優先し，当面は仮店舗での経営をおこなうこと，③建築基準の早期決定を要求すること，④不動産税の軽減を要求することを決定した。

写真10-7　道路から1.5mセットバックしたRoachデパートの仮店舗
（Hastings Libralyによる）

　ヘレタウンガ通の拡幅案は政府のモウソンMowsonらの計画案で，TomoanaStからWillowParkStまでの延長約1.3kmの道路幅を3m拡幅し，建物を両側各1.5m（5フィート）後退させるものだった。拡幅案は納税者の65％が支持したが，反対派との対立が生じた。，町長ローチは自ら経営するデパートの仮店舗を率先して後退させている（写真10-7）。しかし，元町長で有力経営者でもあったエベットEbbett, G.らを中心に一部の地主や建物所有者は減歩への不満と建物再建の遅延を理由に拡幅案に強く反対した。7月10日に道路拡幅用地に対する補償額が5,476ポンドと提案されたが，土地所有者や経営者は低い買収額に不満をもち，会議を開いて21対6の反対多数で拡幅案を否決した。役所は拡幅計画を支持し実行しようとしたが，役所内にも強い影響力をもつエベットの説得工作が成功し，7月中に道路拡幅案を断念させた。執拗なエベットの反対工作には町長ローチとの根深い対立が推測される。ヘレタウンガ通の拡幅計画は挫折した。震災前の写真を検討すると，道路幅は車道と歩道を合わせて約14mの幅があり当時としては十分な広さを有していた。現在のCBD地区内の道路幅は18〜20m（歩道の6〜7mを含む）に統一されており，その後にも再拡幅されたことを示している。

4) 建物の再建と保護

　1932年1月から新建築基準により建築が許可されたため，本格的な建築復興が開始された。震火災の経験からレンガや高層建築は避けられ，低層の耐震耐火鉄筋コンクリート造で装飾の少ない建築物が中心となる。1933年と1934年が新建築の最盛期で，フレチャー建設会社の施工したものが多い。ヘイスティングスの建築家ガーネットGarnett，デイビスDavis，フィリップスPhilips，アボットAbbottらは建築家連合associate architectsを結成しデザインなどについて意見を交換した。

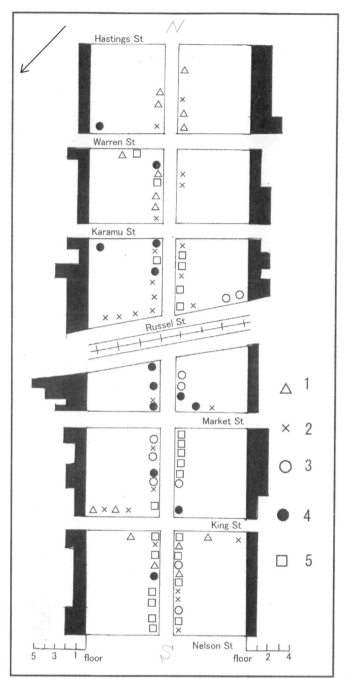

図10-5　ヘレタウンガ通の建物階数（両端の黒色）と商店業種の分布
（2010年8月調査）
1：家具・電気器具, 2：レストラン・カフェ, 3：貴金属・メガネ,
4：銀行・金融・オフィス, 5：服飾・ブテイック

　その結果，地震前から好まれたスパニッシュミッシッションと直線やジグザグなどを用い装飾の少ないアールデコとが多用されることになった。町役所や劇場，メソジスト教会などはスペイン風デザインにより再建，修復された。また，ハービイービルやクリスティービルにはスパニッシュとアールデコを折衷したユニー

写真 10-8　ユニークなデザインのラッセル通の復興建築物（2010 年 8 月撮影）

クなデザインが採用されている（写真 10-8）。

　1980 年代から本市でも復興建築物の取り壊しや外装デザインの改変などにより，景観の悪化が問題となり，建築物の保護と対策が議論されるようになった。1996 年に当時のドイヤー市長 Dwyer,J. を中心に伝統的建築物の再評価と保護を目的とするランドマークトラストが設立され，2000 年から市が景観保護政策を開始した。今日では建築デザインなどのガイドラインが定められている。

　図 10-5 にヘレタウンガ通 CBD 地区の建物の階数と商店の業種分布（2011 年 8 月）を示す。近年の高層建築物を除くと，1 階建が約 6 割，2 階建が 4 割であった。北部では 1 階建が 7 割と優勢で，南部は 2 階建が約半分という地域差がみられる。本地区の復興建築物の特徴は 1 階建の屋根がつくる水平線，伝統的なスペイン風とモダンなアールデコとが融合したユニークなデザインにある（写真 10-9）。

写真 10-9　ヘレタウンガ通の 1 階建商業建築物（2010 年 8 月撮影）

このような優れた都市景観はニュージーランドの他都市にはみられない独自のものといえよう。

10-5 考察

1) 被害状況

　ヘイスティングスの死者93名。死亡率は0.9％であり，デパート，劇場，ホテル，図書館，郵便局で多くの犠牲者がでた。原因はレンガや石造の建物，改造されて耐震性が低下したビルの倒壊，アーケードなどの落下によるものがほとんどである。建物では142棟が被災し，そのうちCBD地区での被災率は44％，全壊率は21％に達した。扇状地F1面の砂礫層からなり，地震断層から約5km離れた下盤に位置する市街地で全壊率が21％と高い理由は，レンガや石など耐震性の低い素材の建物が多かったためと考えられる。4カ所から出火し焼失率が11％と低かったのは，消防ポンプと発電機を迅速に修理し井戸水による消火活動が可能になったことによる。

　一方，ネーピアの死者162名，死亡率は1％，中心市街地での全壊率は88％と極めて高率であった。ネーピア市街地は地震断層から約3km離れた上盤側に位置し，その大部分がラグーンの埋立地や後背湿地に立地している。また，狭い土地に建物が過密に分布し，道路が狭く入り組んだ状況だった。したがって，断層上盤における強い揺れが粘土層や盛土層によって増幅されたことと都市の過密さに起因すると推定される。また，液状化や地盤変形により，ポンプ場や地下の水道管が破壊されたため消火活動はほとんどできず，延焼を阻止できなかった点も大きい。

2) 緊急対応

　地震直後に元軍人グループが組織した市民委員会が約2週間にわたって組織的な活動を実施した。彼らは軍隊式指揮系統のもとに3班編成で緊急対応にあたった。この機敏な対応は町長を欠いた状況下で高く評価される。ホルダネスはこの活動で地震のボスと賞賛された。一方，休暇から戻った町長ローチは職員を統率するとともに有力市民が組織したExecutive Committeeに参加して議長を兼務，市民委員会との連携をとり対応にあたった。緊急対応が一段落した2週間後に市民委員会は権限を町に引き継いで解散した。

　ネーピアでは市民を中心に市民コントロール委員会Citizens Controll Committeeが組織され，6班編成で約1ヵ月にわたって活動，3月16日にHBRCに権限を委譲して解散している。

3) 復興

　町長，有力政治家や経営者らからなるヘイスティングス地震救護委員会が2月24日に設置され，復旧や復興計画などに責任を負った。ネーピアに置かれたHBRCが本町の復興計画の立案や実行支援に積極的に関与したことは少なく，ヘ

イスティングスは自力による復興活動を実施する道を選んだといえる。ネーピアは約2年間ホークスベイ復興委員会の直轄下におかれ，復興事業が強力に推進された。また，有力市民からなるネーピア再建委員会が地域を代表する組織として復興委員会に協力，協調して復興の実現に努力した。ネーピアでは国の威信をかけた復興事業が市民組織の協力をえて実施され，約2年弱で復興をはたした。また，住宅修理や建物の再建，営業再開に必要な資金はネーピアに手厚く配給されたのに対して，ヘイスティングスは低水準におかれたことも指摘される。ヘイスティングス住民はHBRCの処置に対する不満とネーピアへの不公平感をいだき，これが強いライバル意識を生む要因になった。復興カーニバルが町長の決断によりネーピアより早く1932年11月29日〜12月2日に実施されたのはその表われである。

4）復興事業

ヘレタウンガ通の拡幅計画は用地の買収価格に不満を持つ地主や建物所有者の強い反対により挫折した。しかし，復興資金の不足から，多くを自己調達する困難な状況下，土地に余裕のある市街地には1階建と2階建の鉄筋コンクリート建築が生まれた。デザインとして，風土に適合したスパニッシュミッションが多く採用され，モダンでシンプルなアールデコもみられる。本地域の農業や生活様式がカリフォルニア南部の風土と類似しており，スペイン風の文化やデザインへの愛好が強かったことを示す。また，両者を折衷したユニークなデザインも多く，見事な屋上の水平線とともに本町の復興建築を特徴づけるものとして評価される。1980年代に復興建築物の破壊と改装が増加し，美しい景観が損なわれるようになった。これに危機感をもった市と市民団体が1996年にランドマークトラストを設立，2012年には伝統的建築物の保護を目的とする建物のデザインガイドが条例で定められている。しかし，本地区の建築物の再評価と研究は端緒についたばかりで，ランドマークトラストの活性化とともに今後の課題といえる。

一方，ネーピア中心市街地は全面的な道路拡幅を実施し建築物の構造とデザインに強い統一性をもたせたが，土地の狭さから2階建の耐震耐火コンクリート建築が優勢である。また，サンタバーバラの事例からスパニッシュ様式によるデザイン統一も主張されたが，結局，費用対効果が高く当時流行のモダンなアールデコ様式が多く採用された。

両市とも1970〜80年代の経済好調期に復興建築物の破壊や改装が相次ぎ，景観の悪化が深刻化した。これに対して，市民の保護運動団体としてネーピアでは1985年にアールデコトラストが設立され，ヘイスティングスでは10年遅れて1996年にランドマークトラストが組織されている。さらに，市による建築規制が施行され，新築や改装に際し，美観を損なわないよう高度やデザインなどについて厳しいガイドラインが定められるようになった。復興建築物の保護と評価，観光資源として活用が進んでいる。

10-6　結論

1) 1931年ホークスベイ地震によるヘイスティングスの被害は死者93名（死亡率0.9％），CBDの建物全壊率21％，被災率は44％であった。また，焼失率は11％に達した。建物被害はレンガや石など耐震性の低い建物に集中的に発生した。火災は献身的な電気の復旧作業と消火活動により最小限に食い止められた。

2) 元軍人グループの指揮下，市民委員会が緊急対応の中心的役割を果たした。約1週間後には役割を終え，権限を役所に委譲して解散している。

3) 本地区の復興事業にはホークスベイ復興委員会の積極的な関与は少ない。住宅修理や建物再建，営業再開に必要な支援金配分額はネーピアに比べて少なく，多くの自己資金を調達せねばならなかった。これが住民にHBRCへの不信感とネーピアへの対抗意識を生む要因となった。ネーピア復興が復興委員会の直轄事業として実施されたのに対して，ヘイスティングスは自力による復興が推進されたという違いがある。

4) ヘレタウンガ通の3m拡幅計画は地主や経営者の反対により放棄された。しかし，中心部の復興は1935年までの約4年間を要したが，1階建コンクリート建築に特徴づけられる水平線の美しい都市景観が形成された。また，デザインにはスパニッシュおよびアールデコの両様式が採用され，両者を折衷したユニークなデザインは他にみられない特徴といえよう。

第Ⅳ部
クライストチャーチの地震災害と復興計画

大聖堂（2011年）およびEQC（2011年）

第 11 章

2010 年ダフィールド地震による被害

11-1 はじめに

　9月4日（土曜）午前4時35分，南島カンタベリー平原北部を震央とするダフィールド Darfield 地震（M7.1）が発生，クライストチャーチ市は強い震動を受けて建物やインフラなどに大きな被害がでた。日本では直後の数日間は報道されたが，すぐに止んでしまった。筆者は調査のため滞在していた京丹後市中浜の民宿でこの報道に接し，強い衝撃を受けた。その理由は1）都市を直撃した大型地震としては1931年ホークスベイ地震以来最大のものであること，2）1840年代の入植以来，クライストチャーチでは史上最大の被害が発生したこと，3）ニュージーランドの地震災害や緊急対応を知るにはまたとない機会であること，などであった。そこで，本地震に強い関心をもち，被害の実態や災害対応についてインターネットを中心に情報を集めた。地震災害は時間との闘いである。人命救助は3日，生活復旧は1週間が重要な期限となる。発震から1週間後の緊急対応が一段落した9月10日時点で，本地震についての速報をまとめた。これはクライストチャーチ市の震災実態を知るとともに，ニュージーランドの地震災害について理解を深める上で意義あることと考える。

11-2　クライストチャーチ付近の活断層と地震

　ニュージーランドは東の太平洋プレートと西のオーストラリアプレートとの境界部に位置する。南島では北方のヒクランギ，南方のプスギルという沈み込み方向が正反対の両海溝がトランスフォーム断層によって結ばれている。これがアルパイン断層として陸上に現れ，明瞭な断層変位地形を形成している点に特徴がある（図 11-1）。カリフォルニア州を縦断するサンアンドレアス断層の状況と酷似する。アルパイン断層は延長約 1,000km で南島西部を直線状に走り，グレイマウス南方からワイラウ，アワテレ，クラレンス，ホープの4本の断層に分岐してクック海峡方面に向かう。本断層の右横ずれ総変位量は約 400km に達し，両プレートの衝突エネルギーがサザンアルプスを 3,000 ～ 4,000m の高度に隆起させてきた。

　サザンアルプスを侵食した氷河や河川は大量の砂礫を東側に堆積し，カンタベリー平原を発達させた。本地方へのパケハ（白人）の入植は 1843 年で，カン

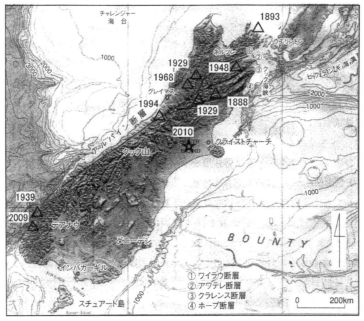

図11-1 南島における歴史地震の震央分布（植村2004に加筆）

タベリー協会による組織的開拓は1850年から開始された。それ以来，本地域でMM震度Ⅴ以上の地震は11回記録されている（Dorwick他1998）。1888年の北カンタベリー地震（M7.3）や1929年のアーサーズパスArthurs Pass地震（M7.1），マチソンMurchison地震（M7.8）などは比較的大きなものだったが，震央がはるか北方にあったため，クライストチャーチは軽微な被害を受けたのみだった。今回は震央が市の中心から約40km西方と近接しており，大規模な被害が発生している。

　Dorwick他（1998）はアルパイン断層系による地震発生危険度を議論した際，西方の山麓に分布する活断層としてアッシュレーAshley断層（図11-2の1）とポーターパスPorter Pass断層（図11-2の2・4）を指摘している。両断層の活動周期が2000年および700年程度で，M6.9〜7.4の地震を発生させる可能性があり，これによりMM震度Ⅶ〜Ⅷを受けると推定した。また，Hull（1995）やStirling他（1998）は本地域がCanterbury-Chatham Platform区に属し，緩やかな沈降運動が卓越する比較的安定した性質をもつと考えている。

11-3　9月4日ダフィールド地震と被害

1）地震と地震断層

　本地震（M7.1）はクライストチャーチから約40km西方，エルスベリーAylesburyの西約4kmを震央とし，震源は地下約10km（図11-3のⅠ，Ⅱ）。震源のメカニズムはP波の解析（図11-3のⅢ）から，ほぼ東西走向の垂直に近

第 11 章　2010 年ダフィールド地震による被害

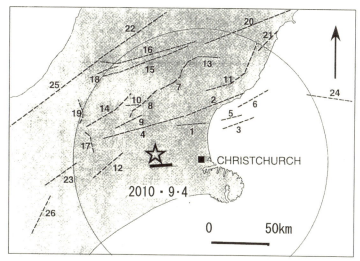

図 11-2　クライストチャーチ付近の活断層分布図（Dorwick 他 1998 に加筆）

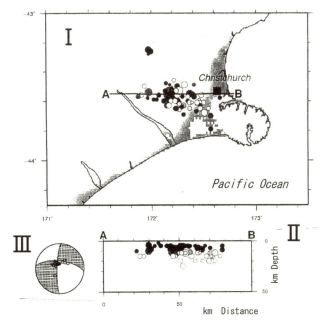

図 11-3　2010 年 9 月 4 日ダフィールド地震の余震分布（Ⅰ・Ⅱ）
およびP波解析（Ⅲ）（東大地震研究所による）

い断層面をもち，右横ずれが約 40km にわたって生じたと推定される。平原の地下に伏在した活断層によるもので，断層破壊が東から西へとすすんだ。クライストチャーチでは家の中をトラックが駆け抜けたような轟音があり，強い揺れが長く続いたという。地震後 1 週間にわたって余震が頻発，8 日午前 8 時に M5.1 の大きな余震があって被害が拡大し，社会的不安と混乱が生じた。

　延長約 22km にわたってグリンデール Greendale 地表地震断層が農牧地を一直線に切り裂いて出現した。これはグリンデールから東へロールストン Rolleston

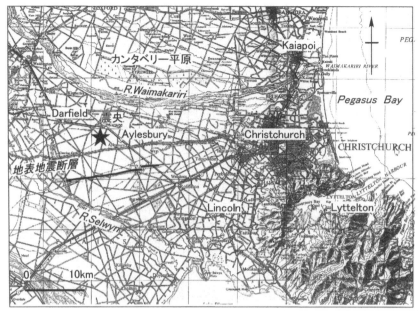

図11-4 ダフィールド地震の震央とグリンデール地表地震断層の分布（IGNSより作成）

写真11-1 バーンナム北方の地表地震断層と土地所有者の警告（2011年3月21日撮影）

の北まで追跡される（図11-4）。右横ずれ最大量は4mに達し，低断層崖，断裂と雁行亀裂，モールトラックなどが観察される（写真11-1）。断層が生じたのはオティラOtira氷期（最終氷期後期）に形成されたブラックウオターBlackwater段丘面で，この形成年代は約1.6万年前と推定される（Fitzharris他1992）。

2）被害と対応

①人的被害

土曜午前4時35分に発生したこの地震では奇跡的に死者はなかった。煙突の落下とガラス片による2人の重傷者が知られ，軽傷者は100名以上である。クライストチャーチでは直ちに3カ所に避難所が開設されたが，5日現在，

写真11-2　クライストチャーチの危険建物（http://www.stuff.co.nz/national/christchurch-earthquake/ による）

Burnside Highschool に 109 名，Linwood College に 85 名，Addington Raceway に約 50 名が避難している。ところが，7 日の余震によって Burnside Highschool が被災して利用できなくなり，他へ移動を余儀なくされた。8 日夜を避難所で明かした人は Linwood College97 名，Addington Raceway の約 250 名に達した。

②建物被害

5 日の発表では市内で約 500 棟が被災し（写真 11-2），うち約 90 棟は中心部で発生した。市では 5 日中に建物検査を実施，危険状態のものは赤色，立入利用制限は黄色，安全で制限のないものに緑色のプラカードを玄関などに掲示している。9 日時点で市中心部の建物 1,515 件についての被害検査によると，約 7 割が安全の指定を受けたが，7％にあたる 106 件は危険状態で赤色，立入が制限される黄色が 303 件ある。図 11-5 の中心部の危険建物の分布によるとマンチェスター通の両側と隣の東側ブロックに集中し，被害が南北の帯状に分布している。地震直後，市中心部の道路は落下物やがれきにより通行不能になった部分が多い。火災も発生，消火活動がおこなわれた。9 月 10 日現在も進入禁止規制がとられている。一方，住宅地ではエイボン川 Evon 河岸地区およびワイマカリリ川 Waimakariri 下流のカイアポイ Kaiapoi などで被害が深刻である（写真 11-3）。カイアポイでは全体の約 5 分の 1 にあたる 200 戸以上が被災，うち 50 戸は危険状態である。約 1,000 戸は電気，水道，下水とも断絶しており，建物の安全性と衛生面に大きな問題をかかえている。

③インフラ

市内では地震直後に電気，ガス，水道，電話などが絶たれた。電線の切断は速やかに修理され，5 日午前中に約 90％を復旧させた。しかし，6 日にまだ約 6,000

写真 11-3　カイアポイにおける河岸堤防の亀裂と傾斜した建物（http://www.stuff.co.nz/national/christchurch-earthquake/ による）

写真 11-4　液状化による道路の変形と亀裂（http://www.stuff.co.nz/national/christchurch-earthquake/ による）

戸が停電中である。道路と水道の被害は深刻で，6 日に 60 の道路で通行不能，約 360 カ所でパイプが破損して断水した（写真 11-4）。100 カ所の修理はすんだが，ニューブライトン New Brighton のポンプ場が故障して漏水，付近に浸水の危険性がある。5 日午前中に全体の 20％程度が復旧した。下水道の被害も深刻で，地下水汚染が懸念される。図 11-5 は 9 月 9 日の給水車の配置状況を示す。集乳用のタンクローリーも利用した給水車は約 55 カ所に配置された。9 割以上が市の東部に集中し，海岸の South Shore, New Brighton, エイボン川下流の Bexley, Avondale, Wainoni, Avonside, 旧流路帯に位置する Dallington などを対象とする。これらの地区では液状化による上下水道管や電柱の破損がひどく，断

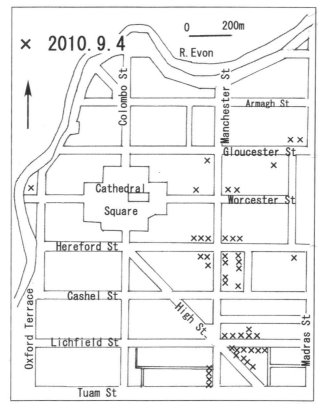

図11-5 9月地震によるクライストチャーチ中心部の赤指定（危険）建物の分布（The Big Quake により作成）

水，停電が広範囲に生じている。

　橋梁：エスチュアリーーをまたぐ Bridge Street，North Linwood のエイボン川岸，ハグレー公園北東角の3つの橋が通行不能になった（図11-6）。

　道路：閉鎖された道路を図11-6 に示す。ダウンタウンの中心が最大の通行不可地区である。初期には治安維持とがれきによる交通障害により，その後はビルの検査や危険ビルの取り壊し作業により閉鎖処置が実施された。4日中に Kilmore － Madras － St Asaph － Montreal の各通に囲まれる CBD 中心部で 19 ～ 7時の夜間の立入が禁止された。9日には Manchester St を中心に，Colombo St, Madras St, Lichfield St, Worcester St に囲まれる CBD 地区では通行制限と検問をおこなっている。10日には一部を除き交通規制が解除された。つぎに，エイボン川蛇行部を開発した Dallington 住宅地区は通行不能となり孤立状態といえる。また，エイボン川下流 Bexley, Avondale, Avonside の河岸道路は破損が著しく，通行不能になったものが多い。リトルトン Lyttelton 港への主要道路 74 号は余震により修理とトンネルの再被災により通行が制限され，港湾や給油施設にも大きな被害がでている。鉄道も線路の破損がひどく，ピクトンを結ぶ路線は運休している。

図11-6　2010年9月9日の給水車の配置および道路と橋の閉鎖状況　（Post Quake Service により作成）

3）緊急対応

　地震直後，市は直ちに非常事態宣言を発し，市中心部を閉鎖した。このコルドン処置は5日正午までの予定だったが8日まで延長された。6日に復興担当大臣が任命された。7日には市バスの運行が再開されたが，New Brighton と Kainga の2ルートは運休中。乳幼児の保育施設や学校は9～10日に再開の予定だったが，余震の影響で安全が保証できないため13日（月曜）まで延期された。カンタベリー大学やポリテク校も1週間の休校。大学や公共図書館では大量の本が落下した。

　市は直後に3地点に避難所を開設。救世軍は4日に2カ所で食料提供をおこない，約1,000食分が用意された。赤十字は電話やオンラインで寄付金の受付を開始した。被害総額は当初約20億NZドルと推定されたが，余震の続発で被害が拡大，9日には約40億NZドルに訂正されている。キー首相はクライストチャーチに飛び，政府の全面支援を約束した。ANZ銀行は100万NZドル，Telstra Clear は10万NZドルを寄付した。地震1週間後の10日14時に市内の基本的サービスは復旧したと報じられた。

11-4 考察

1) 地震と活断層

本地震に伴って延長約 22km にわたる地表地震断層が出現した。右ずれ成分が卓越しており，アルパイン断層系の特徴と共通する。Blackwater 段丘面上に生じた地表地震断層は以前の活動を示す断層変位を欠いており，1.6 万年以上の長い活動間隔を持つものだった。地下に伏在して 1 万年以上の長い間隔をもつ低活動度の活断層は日本の沖積低地下にも多数分布する。大都市が集中立地する低地下の認定困難な活断層についての調査と対応が迫られている。

2) 被害発生とその要因

①建物被害

被害はカンタベリー平原北部で広域的に発生し，クライストチャーチ市内の建物やインフラの被害も相当深刻である。市中心部におけるビルの被災率は 27%，全壊判定が約 7% に達する。MM 震度でX〜IX（日本の震度VI）が襲ったことが推定される。本市の中心部には建築年代の古いレンガ建築が集中しており，取り壊しを含む深刻な被害を受けた。外壁やパラペットの崩落，ベランダやファサードなどの落下も著しい。近代的ビルは適正な建築基準があるため大きな被害は少ない。死者はなく重傷者も 2 名と少なかったのは奇跡的な幸運というべきであろう。これには午前 4 時 35 分という都市活動が休止している時間帯に発生した点と数秒前の前震で起床した人が多かったことによる。昼間の都市が襲われていたら事態は全く深刻なものになっただろう。

市中心部の深刻な被害に対して，近郊住宅地区の被害は一般に軽微である。ニュージーランドの住宅は柱と壁の多い平屋建木造が基本で，屋根は軽いトタンやスレート葺きが多い。レンガ壁も木枠でしっかり固定されていて耐震性が高いため，倒壊などの深刻な被害は少ない。本地方では暖房用の重いレンガ煙突が多数崩落または破損した。一方，液状化による地盤変形により被災した住宅は多数にのぼる。

②インフラ被害

橋，道路，上下水道管の被害分布は明瞭な地域性を示す。被害は東部の低地帯に集中し，地形的にはエイボン川とワイマカリリ川下流の河岸低地，デルタ，砂州に一致する。この地区の表層は河成や海浜の砂層やシルト層からなり，地下水位や含水比が高く液状化が発生しやすい。住宅やインフラ被害は液状化による地盤の流動と破壊が最大の要因であり，将来の地震動により繰り返し発生することが危惧される。

11-5　結論

1) 2010年9月4日に発生したカンタベリー地震について，6日後の10日までのインターネット情報により，クライストチャーチ市の被害と要因について考察した。本地震は地下の伏在活断層の活動によって生じた直下型である。発生深度は浅く，地表に右横ずれが卓越する地震断層が出現した。本地震は1.6万年以上という長い周期を持つ未知の伏在活断層から発生したもので，今後日本の低地都市部でも注意を要する。

2) 市中心部ではMM震度でIX〜X程度の強い揺れが発生した。中心部では治安維持と建物取り壊しなどの理由でコルドン（封鎖処置）が実施された。歴史的建造物など耐震性の低いレンガ造建物が集中的に被害を受けている。東部低地帯の河岸，デルタ，砂州で停電と断水，道路閉鎖が広汎に発生しており，その最大要因は液状化による地盤破壊によるものだ。

第 12 章

2011 年クライストチャーチ地震の被害と発生要因

12-1 はじめに

　2010 年 9 月 4 日，カンタベリー平原北部でダフィールド地震（M7.1）が発生し，クライストチャーチは建物やインフラに大きな被害をうけた[1]。その約 5 ヵ月半後，2011 年 2 月 22 日（火曜）12 時 51 分，クライストチャーチ地震（M6.3）が発生した。この地震の震央はクライストチャーチの南約 10km と市街地の至近である。震源が地下約 5km と極めて浅かったこと，発生時刻が昼食時間帯であったことから，市内を中心に広い範囲で犠牲者や建物倒壊など深刻な被害が発生した[2]。とくに，英語学校の入った CTV ビルは完全倒壊し日本人 28 名が死亡した。また，液状化による道路や上下水道，住宅などの破損が至るところで発生，市民生活は暗転した。日本での報道は CTV ビルの犠牲者に集中し，本地震の全体像は理解できない状況であった。筆者は 9 月地震の特徴と被害を速報的にまとめており[3]，2 月地震の発生に衝撃を受け，インターネットなどから被害が広域的かつ深刻であることを確認した。そして被害の実態を確認するために現地協力者の援助を受けて 3 月 17 ～ 22 日に調査をおこなった。本章では 2 月地震による建物被害の調査により，その地域的特徴，発生要因と地形環境との関係について考察したい。

12-2 2 月 22 日クライストチャーチ地震の概要

1) 地震の特徴

　9 月地震発生直後からクライストチャーチ付近では余震活動が活発化していた。12 月 26 日には Boxing Day 地震（M5.3）が発生, 不安が広がりつつあった。2 月 22 日，ポートヒル Port Hill の直下（43°60′S，172°71′E）で M6.3 の地震が発生した。（図 12-1）。発震メカニズムは東西圧縮による右ずれと逆断層の混合型。南へ約 65 度傾斜した 8km × 8km の逆断層面上で 1.5m の最大すべりが生じた。地震断層は出現していないが，上盤のポートヒルは約 0.4m 隆起，エスチュアリー河口は西へ，その北側は数 10cm 東へ移動したことが推定される[4]。震源が浅いため，水平加速度は重力の 2 倍以上に達した。リッカートン Riccarton での聞き取りでは，地震動は強い上下動につづいて横揺れが約 20 秒以上継続したという。建物の外壁被害や室内での散乱の状況から南北方向の水

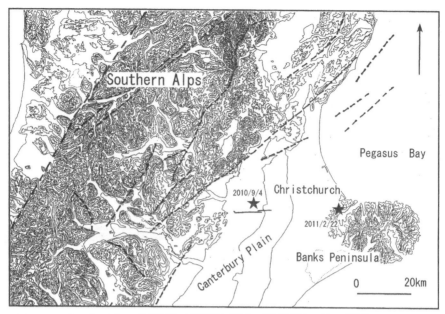

図 12-1　カンタベリー平原北部の活断層と震央　等高線は 300m 間隔

写真 12-1　Colombo 通のショーウインドゥに生じた転倒の方向性
（2011 年 3 月 20 日撮影）

平動が卓越し，初動は北への押しであった（写真 12-1）。9 月地震では南北性の震動が強かったと推定される（Wethey, D. & Stuart, I. 2010）。本震直後の 13 時 07 分に M5.6，14 時 50 分に M5.5 の余震が発生，さらに 6 月 13 日にも M5.5 および M6.0 の余震があり，約 60 名が負傷，カトリックドームが崩落するなど建物被害が拡大，東部では再び液状化による被害が生じた。12 月 23 日にも M6.0 の地震があり被害がでた。これらの地震は 9 月地震によって誘発された一連の余震であり，2 月地震は最大のものだった。地震後の地震探査により市域の地下に多くの伏在断層が見いだされ，今後も余震発生が懸念される[5]。

12-3 歴史・地形環境

1) 歴史

　クライストチャーチ市は約 38 万人(2011 年)の人口を有する第 2 の大都市で，南島最大の行政，商業，サービスの中心機能を有する。市域はワイマカリリ川右岸の沖積低地に発達する。この低地は南縁をポートヒル，東縁はペガサス湾，太平洋に限られている。白人の入植前はフラックスなどが茂る湿地と乾いた草地とが入り混じる低地で，マオリの集落もあった。1850 年のカンタベリー協会による入植を契機に本格的な開発が始まった。当初予定のリトルトンが狭小なため，現在のエイボン川低地へ変更された。河畔の微高地を中心に 1 辺約 1.2km の格子状のタウンシップが設定され，イギリスからの移民が増加していった。かれらの文化と価値観を反映した伝統的な英国風都市作りがおこなわれた (Wilson, J. et al. 2005)。大聖堂を中心にゴッシク様式の赤レンガの歴史的建築物が多数分布し，手入れされた公園や並木道などが落ち着いた都市景観をつくり，毎年の国際花フェスティバルは人気が高い。ガーデンシティ，イギリス風都市などと賞賛され，観光と教育は主要産業となっている (写真 12-2)。

写真 12-2　地震前の大聖堂とスクエア (2005 年 8 月撮影)

2) 地形

　本地域はサザンアルプスからの融氷流水や河水により運搬された砂礫により形成された扇状地性のカンタベリー平原北東部に位置する。図 12-2 は空中写真と地形図および土壌図[6]の判読により作成した地形分類図である。地形は西から東へ扇状地，自然堤防帯，三角州，砂州帯の順に配列している。

①扇状地

　ワイマカリリ川の形成した広大な最終氷期以降の扇状地からなる。これは上流で段丘化し，下流で低地面と交差して地下へ埋没しており，西高東低の傾動運動

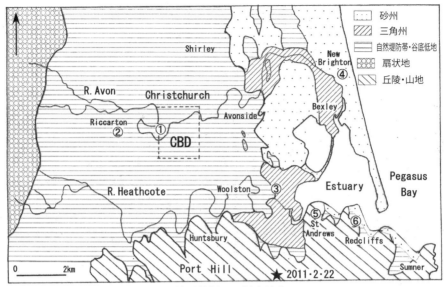

図12-2　クライストチャーチの地形分類図と調査地点
調査地区　①Western CBD，②Riccarton，③Woolston，④New Brighton，⑤St Andrews，⑥Redcliffs，⑦Lyttelton（図外）

を示す。扇状地の末端は高度20m付近にあり，扇端付近の湧水を集めてエイボン川やヒースコート川 Heathcote が東へ流下していく。

②自然堤防帯

扇端から砂州帯までの約10kmの広い幅で発達し，高度は約20mから東で3m付近まで低下する。クライストチャーチ市街地の大部分がこの地形上に位置する。一般に後背湿地が広く分布し，表層には砂質堆積物が卓越する。旧河道部には泥炭や粘土が厚く堆積している。両河川とも砂州帯の存在で閉塞と排水不良の傾向が強く，下流部の約4kmの間に顕著な蛇行帯が形成されている。

③三角州

最下流には低平な三角州が発達し，エスチュアリーに流入していく。排水不良のため冠水が常習化した低湿地で，表層は細粒砂〜シルトからなる。エスチュアリーは水深数m以下のラグーンで，干潮時には干潟として現れる。

④砂州

太平洋岸に接して幅5〜6kmの砂州帯が発達する。現生砂州は幅1〜1.5kmで，北北西方向の直線状海岸線を形成している。この上にニューブライトンが立地する。内陸側には比高数mの2列の旧砂州が分布し，主に粗〜細粒の海浜砂層から構成されている。

⑤丘陵

低地の南縁には高度300〜500m程度のポートヒルが発達する。中新世の火山岩類（9.7〜11百万年前）から構成されており，急斜面が広く分布する。本地震により地すべりや斜面崩壊，落石による被害が多発した（写真12-3）。

Suggate（1959）は沖積層の厚さを海岸付近で約40m，大聖堂地下で約28m

写真 12-3　レッドクリフにおける斜面崩壊（2011 年 3 月 21 日撮影）

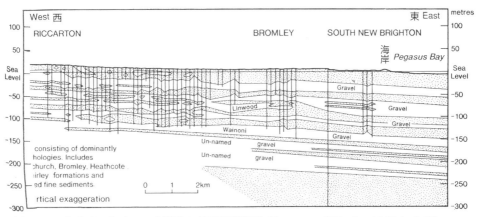

図 12-3　クライストチャーチ低地の東西地質断面（Brown and Weeber1992 による）

と推定，中部泥層の発達が貧弱で砂層や礫混じり砂層が卓越すること，沖積基底礫層上面は平均約 0.2％の勾配で東へ深くなることを指摘している。図 12-3 の東西地質断面（Brown and Weeber1992）によると，表層部には厚さ 20 ～ 40m の砂・シルト層が連続的に堆積している。

12-4　地震被害の概要

1）人的被害

3 月 8 日の警察発表によれば死者・不明者 181 名，このうち外国籍が 80 名。日本人 28 名，中国人 23 名，フィリピン人 11 名などアジア系が 95％を占めた。死者・不明者は全壊した CTV ビルで約 115 名，Pyne Gould ビルで約 6 名と両ビルでの犠牲者が約 7 割を占める。両者は 1976 年の新耐震基準以前の不適合建築物で改築の法的義務はなかったが，パンケーキクラッシュ状に完全崩壊した（The Press 2011）。CTV ビルには日本人生徒の多い Kings Education の教室が入っており，12 時 30 分に授業が終わり 2 階のカフェテリアでは 60 名ほどが食事を

写真12-4　中心部の封鎖状況　正面は大聖堂（2011年3月撮影）

していたという。ガスによる出火もあって身元確認がきわめて困難なほど遺体の損傷が大きかった。他に、瓦礫落下のため市バス内での死亡、リッカートン通のレンガ壁崩壊で3名の死亡などが知られている。その後、死者は185名に増えた。

2月23日に市内の75％が停電、断水も80％に達したが、25日には電気の80％が回復した。しかし、6.3万人の上水道と約10万人の下水道が利用不可になった。飲料水供給のため40カ所以上に給水車が配置された。道路は多くの地点で不通、余震の続発により公的機関や学校などは休止、生活の混乱が続いた。地震3日後の2月24日以降、中心部のベイリー・フィッツジェラルド・ムーアハウス・アンチグアーパークテラスの各通を結ぶ約2km四方内への人と車の進入を禁止する封鎖処置（コルドン）がとられた[7]。これは住民や営業者をも対象とする徹底したもので、道路はフェンスで遮断され、軍が出入りを厳しくチェックしている（写真12-4）。その後、範囲は徐々に縮小され、2年後の2013年6月には撤去された。3月10日時点で当初の約半分程度まで縮小されたが、ビジネスや商業、居住などの機能が停止している。経営者や従業員、居住者は退去を余儀なくされ、その後も許可を得なければ立入が認められない厳しい管理下に置かれている。営業活動は7割落ち込んでおり、中断が許されない金融・保険、流通などの業務は事務所を周辺部に移して活動している。6月末に約2万人が失業中（昨年同期に約3千人）といわれ、政府が生活補償費を支給している。観光客と留学生の受入れが不可能になり、経済的損失も大きい。教育産業は年間約9億NZドルの収入をもたらしてきたが、不安を感じた多くの学生が去った。3月8日現在、市域から約7.8万人（日本の人口比で約200万人に相当）が移動し、約6千戸の住宅が放棄されている。避難者の63％はカンタベリー地域に仮居住している。ウエリントンやオークランドなどの親戚や知人宅、ホテルなどに滞在中のものも多い。特に、市東部からの人口流出が著しく、学校生徒の2割減の

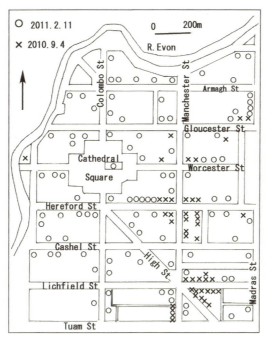

図12-4 大聖堂を中心とするCBD地区の危険建物（○）
の分布（The Press, March 19, 2011により作成）
×は2010年9月地震による危険建物

ため教員350人の仕事がなくなったという。仮設住宅は東部のリンウッド公園，北方のカイアポイなどに設置されている。また，ホリディパークやキャンプ場などは避難者やキャンパーバンで混み合っている。

2）建物被害

クライストチャーチ市では1万戸以上の建物が取りこわしを要する大きな被害を受けた。CBD地区における2,940件の建物調査の結果，赤（危険）755件，黄色（要注意）909件，緑（安全）1,276件の判定。安全とされたものは43％にすぎず，26％が危険と判定された。市のシンボルである大聖堂尖塔の上半分が倒壊，聖堂も大きく破損した。6月地震により被害がさらに拡大，カトリック

写真12-5 カトリック教会の被災状況（2011年3月撮影）

写真 12-6　ベックスレーにおける屋外トイレ（2011 年 3 月 21 日撮影）　　写真 12-7　ベックスレーにおける液状化による噴砂（厚さ 40cm）と住宅の浸水（2011 年 3 月 21 日撮影）

教会（写真 12-5），カンタベリークラブなどレンガ造の歴史的建造物は大破したものが多い。観光資源として貴重な建築物が潰滅的状況にある。CBD 地区では多数の商業用ビルが被災している。図 12-4 は CBD 地区の赤（危険判定）の建物分布である[8]。9 月地震と比べて被災数は約 3 倍，被災建物が全域に拡大し多くの高層建築も赤指定になった。

3）液状化

インフラに最も深刻な被害を与えたのは液状化で，道路や橋梁，電気や上下水道が寸断され，日常生活が大混乱した。東部のエイボン川の河岸地域で深刻な被害が再び発生している（写真 12-6）。下流から順にベックスレー，エイボンデール，バーウッド，ダーリントン，リッチモンド，さらにハグレーパークの北側メリベール，フェンダルトンと被害地は川沿いに連続する。液状化による被害は広域的に発生し，泥水の噴出と砂・シルトの沈積，上下水道管の破損や道路と橋の破損などが至る所で生じた。被害の激甚なベックスレー，ダーリントン，エイボンデールなどでは 7 ヵ月後の 9 月でも屋外の給水タンクや簡易トイレに頼る生活が続いている。とくに，エイボン川の河岸地や旧流路，三角州では 3 回の地震のたびに液状化が生じ，泥水による家屋や道路の浸水や地盤沈下による建物倒壊や破損，インフラの破壊などが修理途中で繰り返された（写真 12-7）。このため，政府はエイボン川下流の河岸地域を住宅不適地に指定して復旧を断念，住宅を放棄して他地域へ強制移転させる決定を下した。

12-5　建物被害と地形条件

1）調査方法

建物被害を地形条件ごとに把握する目的で次の①〜⑦地点を調査地として選んだ（図 12-2）。①②自然堤防帯－ CBD とリッカートン，③三角州－ウールストン Woolston，④砂州－ニューブライトン，⑤丘陵北斜面－ セントアンドリウス

写真12-8 レンガ建築の被害と高層建築物（右はCanterbury Provincial Building）（2011年3月20日撮影）

St Andrews，⑥丘陵谷底低地－レッドクリフRedcliff，⑦丘陵南斜面－リトルトン

現地では建物の被害状況，建物と屋根の素材や構造などを観察した。検査員が赤・黄・緑に3分類した被害判定カードを表示

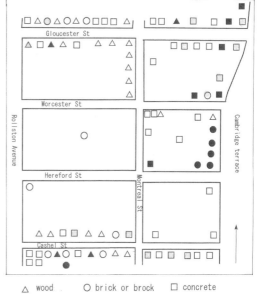

図12-5 CBD西部地区の建物被害の分布

している場合が多い。この基準は，赤：危険判定で建物内立入り禁止，黄：破損判定で立入・利用制限，余震などでさらに被害を受ける危険があり再検査要，緑：安全判定で構造などに破損がみられない，である。この3分類を被害程度の基準として採用し，未検査やカードを確認できなかった場合は外観から独自に判断した。建物の素材は木（造），レンガ（造）またはブロック（造），コンクリート（造）の3種に分類した。

2）調査結果

① CBD西部地区

3月の調査時点でCBDの大部分は閉鎖されていた。このため，調査可能なハグレーHagley公園とエイボン川とに挟まれたCBD西部地区を選んだ。すなわち，Glocester，Cashel，Rolleston Avenue，Cambridge Terraceの4本の道路により囲まれた部分である。市役所や警察署などの公的機関，アートギャラリーやアートセンター，博物館，オフィスビルやマンション，古い木造住宅などが混在する地区である。図12-5に調査結果を示す。調査数87件のうちコンクリートが54％と最多を占め，木も29％ある。17％を占めるレンガは歴史的建築物が多い（写真12-8）。被災率は35％と高く，コンクリートも34％が被災し赤が6件ある。木造は20％が被災し，赤指定は4件。レンガでは60％が被災，赤が約8割を占める被害を受けた。

② リッカートン地区

ハグレー公園の西側にある商業地区で，大型ショッピングセンターがある。Deans AvenueとClarence通間のRiccarton Road両側の商業建物を調査した

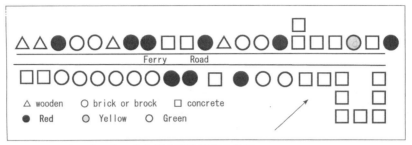

図 12-6　ウールストン中心部の建物被害の分布

(モーテルは除く)。36 件中コンクリートが 27 件と 8 割を占めている。被害はコンクリートに赤が 1 件，黄が 2 件，レンガの 7 件中赤 2 件，黄 3 件，木では黄 1 件のみ。被災数は 9 件で被災率は 25％であるが，レンガの被災は 71％に達する。

　③ウールストン地区

　ヒースコート川下流の Ferry Road に面する商業地区で，商店，郵便局，図書館，教会などが並ぶ。調査結果を図 12-6 に示す。45 件の建物中被災した 10 件はすべてレンガ建物で，赤 9 件と黄 1 件であった。木やコンクリートに被害はない。被災率は 22％だが，レンガは 45％と約 2 倍の被害を受けている。古いレンガ建築が選択的に被災したことを示す。

　④ニューブライトン地区

　中心部から東約 8km の砂州に位置し，日帰りの海浜リゾート地として発展した。Ocean View 通をはさむ両側の商業建物を調査した。すべてコンクリート 1 階建からなる。調査 53 件中，被害は赤 6 件，黄 9 件，残り 38 件には被害がなかった。被災率は 28％，赤が 11％を占める。

　⑤セントアンドリウス地区

　市南部のポートヒル北斜面に過去 50 年間に開発された高級住宅地の 1 つ。調査は高度 50 ～ 150m 付近の丘陵尾根上に位置する北部を対象とした。図 12-7 に調査結果を示す。木 26 件，レンガ 28 件，コンクリート 20 件の 74 件のうち被災率は 64％に達した（写真 12-9）。赤は 30 件で 41％と高率である。黄も 17 件あり，無被害は 27 件の 36％にすぎない。レンガでは赤が 75％を占める深刻な被災状況を示し，コンクリートも 5 件が赤であった。

　⑥レッドクリフ地区

　セントアンドリウスの東 1.5km の谷底低地に開かれた中流住宅地区である。Main Road に面する若干の商業用建物と教会，加工場 1 件を除くとすべてが住宅で，過去約 30 年間の建築が多いと推定される。81 件中木は 32 件で黄 4 件，レンガ 37 件で赤 1 件と黄 3 件，コンクリート 12 件には被害がなかった。ここでは 8 件のみ被災し，被災率は 10％に過ぎない。黄は木とレンガあわせて 7 件は煙突破損 3 件とスレート瓦の破損 3 件で軽微であった。

第 12 章　2011 年クライストチャーチ地震の被害と発生要因

写真 12-9　セントアンドリウスにおける被害住宅（2011 年 3 月 22 日撮影）

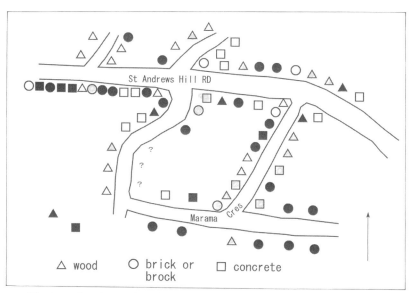

図 12-7　セントアンドリウスにおける建物被害の分布

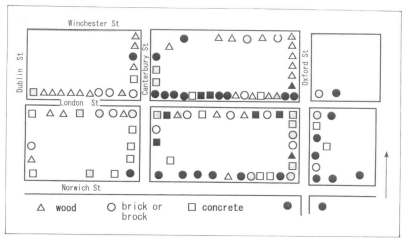

図 12-8　レッドクリフにおける建物被害の分布

写真 12-10　リトルトン，ノルウィッチキーの被害状況（2011年3月19日撮影）

⑦リトルトン

　ポートヒル南麓に位置するクライストチャーチの外港で，大聖堂から約 11km 南東に位置する。急傾斜の南向き山地斜面がせまり，崖錐と岩盤の上に位置する坂の町である。2000 年にクライストチャーチ市に併合された。街路は海岸線に並行な Norwich Quay と London St が中心通で，碁盤目状の街路を形成している。図 12-9 に 111 件の調査結果を示す。レンガが 43％と最も多く，ついで木 30％，コンクリート 27％の順であった（写真 12-10）。被災率は 60％と高く，

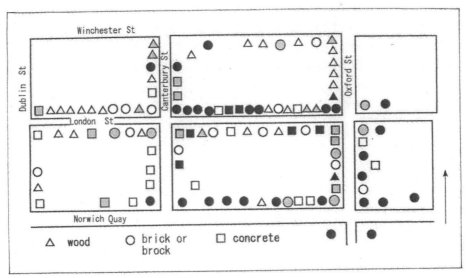

図 12-9　リトルトン中心部における建物被害の分布

赤が42件と全体の38%を占める。レンガは81%が被災し，赤が65%を占めて突出している（写真12-11）。コンクリートの被災も50%，赤が4割を占める高率を示す。木も39%が被災，赤が38%に達する。

写真12-11　リトルトンのHoly Trinity教会の被害（2011年3月19日撮影）

12-6　考察

1) 建物被害の特徴

　2月地震（M6.3）による建物被害と地形条件との関係を明らかにするため，5地形区の7地点で総計485件の建物を調査した。被害程度の認定は調査員による赤・黄・緑の分類に従った。日本の分析例では全壊数を重視する傾向が強いが，ニュージーランドでは住宅構造や被害判定基準が異なる。したがって，平均的な被害程度を議論するのが適当と考え，宮村（1946）の被害率，すなわち（赤＋黄×0.5）÷調査数×100　を求めた。建物素材ごとの被害状況を表12-1と図12-10に示した。485件のうち187が被災しており，被災は39%に達する。このうち，赤が22%，黄が16%を占め，被害率は約30を示す。素材別にみるとレンガの被害率は50，うち赤が44%を占め高率である。一方，木の被害率は20，うち赤は11%，コンクリートでは被害率21赤の比は12%である。レンガ

表12-1　建物素材別の被害率

地域＼材料	木造被害率	レンガ・ブロック造被害率	コンクリート造被害率	全体被害率	調査数
Riccarton	50	50	9.6	19.1	34
Western CBD	18	53.3	23.4	27	87
New Brighton	0	10	20.8	19.8	53
Woolston	0	43.2	0	21.1	45
St Andrews	32.7	80.4	37.5	52	74
Redcliff	6.3	6.8	0	5.6	81
Lyttelton	27.3	72.9	35	49.1	111
Total	20.2	50.3	485	30.3	485

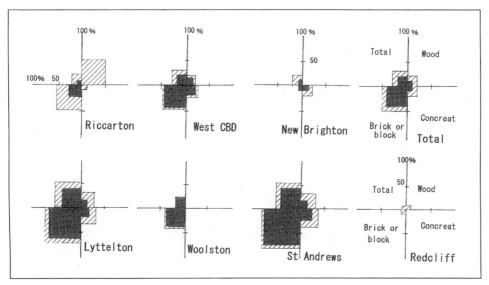

図 12-10　調査地区ごとの素材別建物被害率（アミは赤の比率，斜線は被害率）

造は他二者と比べて被害率で約 2.5 倍，赤の割合では約 4 倍に達するなど，深刻な被害を受けたことが明瞭である（表 12-1）。

2）地区ごとの特徴

　まず，岩盤からなるポートヒル北斜面のセントアンドリウスと南斜面のリトルトンを取りあげる。前者の被害率は 52，赤の比率は 41％。後者では 49 と 38％であった。素材別でも酷似した値を示す。すなわち，両者の被害はほぼ同程度で，調査した 7 地区中もっとも高い値を示し深刻な状況を示す。前者は新興住宅地区であり，後者は港湾をひかえた古くからの商業・サービス地区で歴史や機能を異にする。それにも関わらず両者が同程度の被害を受けた理由は，震央に近く，震源断層上盤にあって固い岩盤を通じて短周期の強烈な揺れが襲ったことに求められる。次に，ポートヒル北側の沖積低地に位置するウールストンとレッドクリフを取りあげる。前者は古くからの商業地区でヒースコート川の三角州，後者は丘陵の谷底低地の住宅地区と性質を異にするが，震央からの距離は 3 〜 4km とほぼ同じとみてよい。ウールストンの被害率は 21，赤の比は 20％であり，レッドクリフでは 6 および 1％とはるかに低い。前者ではレンガの被害率は 43 と平均の 2 倍以上であり，後者ではレンガのみに赤が 3 件生じた。ここでも，レンガ建築が大きく被災している。またレッドクリフの被害状況は 7 地区中最も軽微であった。同じく西方の同じ谷底低地に位置するハンツベリー Huntsbury 地区，ボウエンベール Bowenvale Avenue 住宅地でも煙突の破損やスレート瓦のずれがみられる程度で被災は極めて軽微であった。ポートヒル上の住宅地区が深刻な被害を受けたのと対照的である。レッドクリフなど震源域であるポートヒル北側の開析谷は砂や粘土など軟弱な地質から構成されている（Brown &Weber1992）。この地区の被害が極めて軽微だった理由として，短周期の強い

第 12 章　2011 年クライストチャーチ地震の被害と発生要因

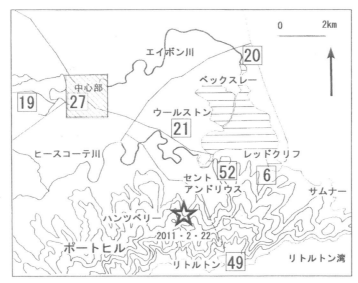

図 12-11　調査地区における被害率の分布

揺れが軟弱層によって減衰したことや液状化の発生により震動が吸収されたことが推定される。これらについて，地下地質や地震動の性質などさらに詳しい検討が必要である。

つぎに，エイボン川自然堤防帯のリッカートンと CBD 西地区を取り上げる。商業地区の前者では被害率が 19，赤は 9%，コンクリートの被害率は 10，赤は 4% にとどまる。一方，多種の建築物が混在する CBD 西部地区では被害率 27，赤は 20% を示す。とくに，コンクリート 47 件中赤 6，黄 10 で，被害率 23，赤の比率 20% とリトルトンのそれと同程度の大きな被災を示している。旧式コンクリートのみならず過去 30 年以内の新しい高層ビルも被災しており，建築年代に支配されているとはいえない。CBD 地区のビルは 9 月地震と 2 月地震など性質の異なる地震動を受けた。両地震とも南北性の揺れが卓越し，複数回の構造破損が累積してコンクリート建築に大きな被害を生じたと推定される。砂州上のニューブライトンでは被害率 20，赤の比率 11% である。これはリッカートンのそれと同じである。両者ともコンクリート商業施設が多い点で共通するが，地下地質は前者が地表下約 5m は粘土層，その下位に厚さ 22m の砂層が堆積しているのに対して，後者では地表下約 15m まで砂と粘土の互層からなる（Sugate 1969）。地形や表層地質は異なるにもかかわらず被害程度が同じである点は注目される。

3）建物被害の発生要因と地形環境

調査地における被害率の分布を図 12-11 に示す。2 月地震で最も激甚な建物被害を生じたのは中新世火山岩類から構成されるポートヒル上のセントアンドリウスとリトルトンで，被害率は約 50 に達した。震源断層直上の上盤にあって短周期の強い震動が発生したことを示す。一方，沖積低地の自然堤防帯や三角州，砂州に位置するリッカートン，CBD 西部地区，ウールストン，ニューブライト

ンでの被害率は約20前後で同程度の震動であったと判断される。ここでは地形や表層地質，震源からの距離の影響とともに，液状化により地震動が減衰および平均化された可能性が高い。CBD西地区のやや大きな被害率は多様な建築物の存在を反映していると推定される。丘陵の谷底低地で被害が最も軽微だったレッドクリフについて低地の地質と局地的な地震動の性質を精査する必要がある。

12-7　結論

1) 2011年2月22日クライストチャーチ地震による建物被害と発生要因を明らかにするため，自然堤防帯，三角州，砂州，丘陵，谷底低地の5地形区から7地点をえらび調査した。また，建物素材は木・レンガ・コンクリートに3分類した。被害程度は調査員による被災判定（赤・黄・緑）を採用し，被災率および被害率＝｛（赤＋黄×0.5）÷調査数×100｝を求めた。
2) 建物素材では，全地点でレンガが最も被害程度大きく，コンクリートおよび木造はほぼ同程度という結果をえた。
3) ポートヒル上のセントアンドリウスとリトルトン地区で最も高い被害率を示し，リッカートン，CBD西地区，ウールストン，ニューブライトンの4地区では前者の約半分程度となっている。レッドクリフは最も軽微である。
4) 丘陵は震源断層の上盤に位置し，短周期の強い地震動が襲ったことが原因である。自然堤防帯，三角州，砂州でほぼ同程度の地震動が発生した原因は沖積層とその液状化により地震動が平均化されたと推定される。

注

1) 本地震に関して *Bulletin of the New Zealand Society for Earthquake Engineering* 43巻4号（2010年），p215～438が特集号として発行されている。
2) 本地震に関して *Bulletin of the New Zealand Society for Earthquake Engineering* 44巻4号（2011年），p181～430が特集号として発行されている。
3) 植村善博（2010）2010年9月4日カンタベリー地震速報－クライストチャーチ市の被害と発生要因を中心に－，ニュージーランド研究，17，73～81.
4) http//www.gns.cri.nz
5) The Press Christchurch, July 11, 2011におけるBerryman,K氏の報告記事
6) Raeside, J.D. (1974) *Soil map of Christchurch Region, New Zealand*, Scale 1:63,360. New Zealand Soil Survey Report 16.
7) http://canterburyearthquake.org.nz
8) The Press (2010) The Big Quake: Canterbury, September 2010 およびThe Press, Christchurch, March 19th, 2011, A8. により作図した。

第13章

2011年震災におけるクライストチャーチの復興計画

13-1　はじめに

　南島最大の歴史観光都市，クライストチャーチは2010年9月4日の地震とその後の余震の続発によって被害が拡大，中心部は深刻な被災地となった。とくに，2011年2月22日の地震（M6.3）により自然災害としては2番目に多い185名の死者が発生，都市のシンボルであるゴシック風の歴史的レンガ建築物のほとんどが破壊された。語学学校に学ぶ28名の日本人が犠牲になったことでも注目された。同年6月13日（M6.1），12月23日（M6.0）にも強い地震が襲い，再建中や修理予定の建物，構造破壊の累積により新しい高層建築物も取り壊しになるなど被害は拡大した。エイボン川の河岸地域では液状化が繰り返し発生し住宅とインフラに深刻な損傷を与えた。本地震によりカンタベリー平原北部の広い範囲で被害が発生している（図13-1）。

　約10万戸の住宅が取り壊され，営業活動は6割落ち込み，約5万人が失業するなど社会的影響が深刻で，被害総見積額は約2兆NZドルにも達する（Darziel 2014）。本市の復興は政府や国際的支援なしには不可能な状況にある。同年3月11日に東日本大震災津波が東北地方の太平洋岸や内陸部に巨大被害を発生させた。両者の震災後の経過は同時並行的に進んでいる。そして，被害と地域社会への影響の深刻さと悲惨さ，復興の困難さなどが重なり合う状況は酷似する。地震被害総額はNZのGDPの8％にあたり，東日本のそれはGDPの5％とされる。ニュージーランドでは，震災に際してボランティア活動，地震保険，新建築基準，斬新な復興計画などを実現してきた歴史をもつ（Conly,G. 1980など）。本震災とその後の経過について和田（2012・2013・2014），千種キムラ（2012），武田（2014），ThePress（2013）の紹介があるが，日本ではほとんど知られていない。

　本章ではクライストチャーチ市の復興計画の特徴と問題点を被災地の住民，自治体，国との相互の関係を中心に考案したい[1]。

13-2　緊急対応

　9月地震発生以後の経過を表13-1に示す。2月地震直後にCBD地区はコルドンにより封鎖され，全ての機能が停止した。当初は経営者や居住者の反発も強かっ

表 13-1　クライストチャーチ震災の関係年表

年	月日	事項
2010	9月4日	早朝ダフィールド地震が発生, 延長22kmの地表地震断層が出現, 重傷者2名, 約500棟が被災, 被災地域に緊急事態宣言
	9月14日	カンタベリー地震復旧・復興法が成立 (2012年4月までの時限立法)
	12月26日	ボクシングデイ地震が発生
2011	2月22日	12時51分クライストチャーチ地震が発生, 死者181名 (日本人28名), CBD地区の建物被害は深刻, 東部で液状化によるインフラ被害, 直後に国家緊急事態宣言
	2月23日	クライストチャーチの中心市街地を封鎖する
	3月18日	震災犠牲者の追悼式をハグレー公園で挙行, 英チャールズ王子や日本人遺族らが参列
	3月29日	カンタベリー地震復興庁 (CERA) が総督令により設置
	4月12日	カンタベリー地震復興法 (2016年まで5カ年時限立法) を可決, 復旧・復興法は廃止
	4月30日	国家非常事態宣言を解除, 防衛軍が中心部から撤退しCERAによる管轄へ移行
	5月	王立カンタベリー地震被害調査委員会を設置
	5月14日	市が復興計画原案への意見公募 (share an idea) を開始 (6週間で10.8万件の意見提出)
	6月13日	午後に2回余震が発生, 負傷者は46名に達し建物被害が拡大, 東部で液状化が再発生
	6月23日	キー首相が政府の復興支援策とゾーニングを発表
	8月16日	パーカー市長がcity in a gardenと称する復興計画原案を発表 (原案への意見を1ヵ月間公募)
	9月10日	復興担当大臣による復興戦略原案を公表
	9月末	レッドゾーン地区の土地・建物の政府による買取交渉が始まる (2013年4月末まで)
	12月21日	クライストチャーチ市の復興計画案が復興担当大臣へ提出される
	12月23日	ニューブライトンを震央とする余震が発生, 建物の累積破壊が進む
2012	7月30日	クライストチャーチ中心部の復興計画が修正され, 復興担当大臣により承認され公表
	10月	建築フェスティバルでコンテナモールが好評, Re: START モールとして営業
2013	1月	中心部の商業施設バレンタインなどが営業を再開する
	6月	坂茂氏設計によるカードボードによる仮設教会が完成
	6月30日	中心部の立入禁止フェンスが完全に撤去される

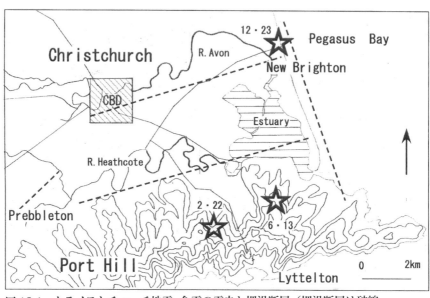

図 13-1　クライストチャーチ地震, 余震の震央と埋没断層 (埋没断層は破線, The Press, July 11, 2011 による)

写真 13-1　ハグレーパークにおける追悼式典の参加者（2011 年 3 月 18 日撮影）

たが，やがて当然のことと受け入れられるようになった。私有財産へのアクセスをも絶つ厳しい処置は注目される。日本人遺族らの CTV ビル訪問を拒否する場面もあった。結局，バス内より悲劇の現場を見るだけになってしまった。軍と警察，政府と市からなる緊急対応センターがアートギャラリーに設置され，市民防衛軍のハミルトンが指揮をとった。国際救援チームが続々と到着，日本からもレスキュー隊が CTV ビルに入った。地震直後から地震情報専用の HP が公開され，電気や上下水道の不通や復旧状況，避難所や配給所，給水車の位置，道路や橋の不通地点，CBD 封鎖地区と所有者や経営者への連絡など生活と仕事に不可欠な情報が瞬時に示され，時々刻々更新されていった[2]。GIS による多種類の地図が作成，公表され極めて便利だ。邦人向けの日本語 HP も立ち上げられ，情報交換がスムーズにできたと好評である[3]。道路，橋，上下水道，公園や歩道など緊急のインフラ復旧には市，運輸省，土木企業の合同チームが担当している。復旧に約 25 億 NZ ドルを要し，数千人の雇用が見込まれている。1 ヵ月後の 3 月 18 日に英国ウイリアム王子や犠牲者の遺族を迎えてハグレー公園で追悼式典が挙行され，日本人遺族を含む数万人が参加した（写真 13-1）。悲しみから立ち上がり，復興に向けて力を合わせることを誓い合った。

13-3　国の復興支援計画

国民党キー首相の政権下，3 月 29 日議会手続を要さない総督令によりカンタベリー地震復興庁（Canterbury Earthquake Recovery Authority，以下 CERA と表記）が設置された。そして，指揮をとる地震復興担当大臣として閣僚のブラン

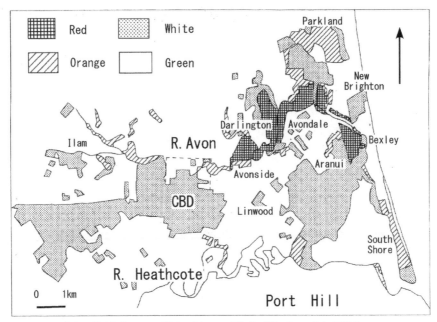

図13-2 政府の復興ゾーニング図6月23日発表（注4）により編集）

リーが任命され，電力会社出身のサットンがCERAの実務上の責任者となった。4月18日にはカンタベリー地震復興法（以下復興法と表記）が2016年まで5カ年の時限立法として成立した（和田2012）。復興のための法および組織が地震後2ヵ月以内に立ち上げられた。そして，政府や市，民間団体のボランティアによる多様な生活再建への支援活動が取り組まれている（武田2014）。

政府の復興方針の第1弾は6月23日に公表された復興支援計画である[4]。これは復興にあたってクライストチャーチ市およびワイマカリリ郡の被災地を次の4地区にゾーニングすることだった（図13-2）。

①レッドゾーン

地震動と液状化によりインフラや建物被害が深刻で復旧は経済的に不可能と判断された。住民は家屋と生活の再建を放棄，他地区へ移転させるというもの。東部低地帯が中心で市内外で約7,000戸が対象になると推定。政府は土地または土地と住宅を不動産価格が最も高かったとされる2007年の評価額で買い取る。住宅や家財の損害補償などは保険会社と交渉する。

②オレンジゾーン

被害は大〜中規模で，6月地震によるさらなる被害の再調査が必要。多くの建物は再建が経済的に引き合わず，インフラの被害程度も不確定である。今後の調査によりレッドかグリーンに分類される。市内で約9,000戸，郡内で約1,500戸が含まれる。

③グリーンゾーン

現在地で再建や修理をおこなう。保険会社と補償交渉をおこない，余震などに

十分配慮して工事をはじめてよい。市内で約10万戸が対象になり，修理や再建に関するガイドラインが用意されている。

　④ホワイトゾーン

　　CBDやポートヒル，非居住区など未区分の地域。6月地震による被害調査終了後に改めて区分を発表する。

　復興の基本方針となる復興ゾーニングを地震4ヵ月後に公表した目的は，政府の方針を早期に示し，作業をスムーズに進めたい意図がある。住民に不満や反対が噴出しているが，強い強制力をもたせて決行する方針である。繰り返し液状化が発生し，今後も被災が予想される災害危険地形地帯を居住不適格として放棄するというきびしい決定を早期に下した点は重要である。しかし，被災者などから以下のような問題点が指摘されている。

　①地震保険のためのEQC（地震委員会）による調査や補償金支払（住宅は約10万NZドルまで，家財は約2万NZドルまで）が遅れている。9月地震で被害は8.2万件に達し，その調査中に2月地震が発生してクレームは38万件にのぼった。同年8月末で約18万件の緊急調査を実施したが，220チームによる被害調査は2011年12月末でも決着は4分の1程度といわれる。損害請求には申請書，被害一覧，写真，価格証明などが必要で，現状保存が求められるため居住に用いることは難しい。さらに市中心部での建物被害が深刻で，経済活動の停滞や落ち込みが著しい。このため，青壮年層が仕事やチャンスを求めてウェリントン，オークランド，オーストラリアなどへ移動，拡散している。

　②レッドゾーンを中心に住宅破壊により移転を余儀なくされた住民が郊外に新たな土地や住宅を求めて動いており，約10万件の住宅が必要と推定される。東部の低地帯を避け地盤のより安定した西部のセルウィン郡やワイマカリリ郡の土地を選ぶ傾向が強く，不動産の値上がりが大きくなっている。そして，住民の東部から西部への人口移動が加速化している。震災により東西の地形環境の格差が社会的に顕在化してきたといえよう。政府はレッドゾーン住民のため郊外に住宅地区を建設する計画を発表した[5]。これは南西部のハルスウエル，リンカーン，ロールストン，北部のランギオラなど市中心部から20km圏内を開発するものである。

1）レッドゾーンと地域住民

　レッドゾーンと住民の動向を見ておこう。レッドゾーンに指定されたのはリッチモンドRichmond，バーウッドBurwood，ダーリントンDallingtonなどエイボン川河岸低地と三角州上に開発されたベックスレーBexleyである（図13-3）。エイボン川下流地区では合計5,295件の住宅が移転対象となり，全体の81％を占める。北部ではワイマカリリ川の両岸に位置するカイアポイKaiapoi，ブルックランドBrooklands両地区および海岸のパインビーチPine BeachとカイラキKairakiが指定されている。カイアポイ川の河岸地や浜堤の地区では合計1,272件が対象となる（図13-3）。すなわち，政府の買上げ対象は6,567件で，総面

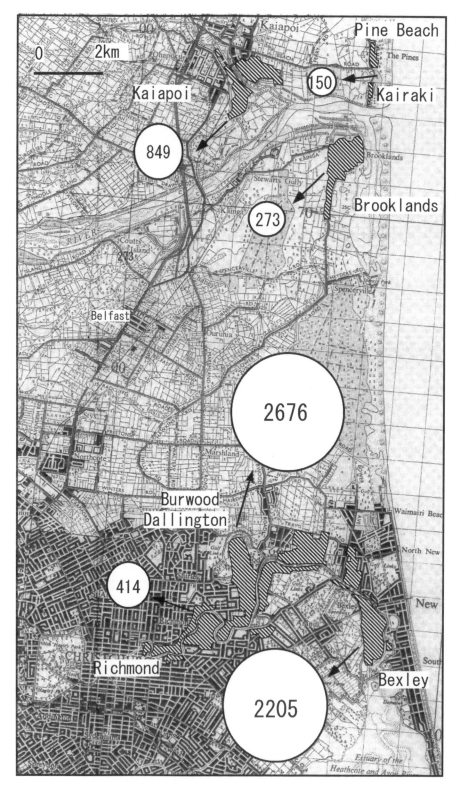

図 13-3　レッドゾーン地区（斜線部）と移転対象住宅数（http://cera.govt.nz/residential-red zone により作成）

写真 13-2　ダーリントンの移転前（上，2011 年 8 月撮影）
と移転後の住宅地（下，2014 年 8 月撮影）

積は約 6.1km² に達する。このような広大な地域と 6 千戸を上回る住宅地を復興不能地域に指定し，政府が買い上げて強制移転させる事業は津波被災地の事例を除けば世界史的に前例のない大規模で強い処置といえよう。それが実現されつつあり，この国の強い施策実行力が示されている（写真 13-2）。

当初，レッドゾーンの住民に対して仮設住宅または民間借り上げ住宅への優先的入居が認められた。ついで政府の買収交渉（Sale to Crown）は 2011 年 9 月から開始され，2013 年 4 月末まで約 1 年半の期間内に実施された。現在は手続きが終了している。交渉には物件が保険に加入していることが必要で，売り手は土地と家の両方，またはどちらかを選択できる。指定の弁護士が交渉手続きをすべて代行，売買契約書など必要書類と請求金額を計算して CERA へ送付される。政府による査定後に相当金額が弁護士の口座へ振り込まれるというステップをとっている。しかし，2014 年 8 月に対象物件の 2%にあたる 124 件は交渉を拒

写真 13-3　我が家の壁に子供が書いたメッセージ（ダーリントン，2014 年 8 月撮影）

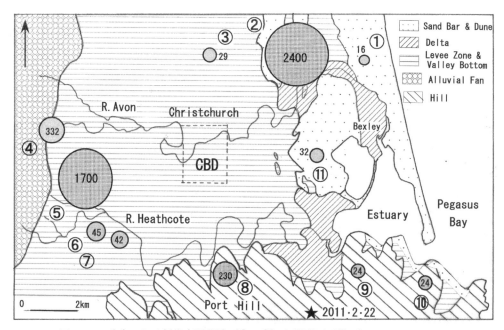

図 13-4　政府による新住宅開発地（①～⑪）と開発区画数（http://www.ccc.govt.nz/ccc.web.land availability により作成）

否または連絡不能の状態のままだ。各地で平均 1％前後だが，ブルックランドで 7％，パインビーチ 5％と両地区のみが高率となっている。その原因は不明である。これら非契約住宅地は取り壊しができず，荒廃したまま放置されている。

　レッドゾーン内の人口は約 1.5 万人に達し，住民は住み慣れた土地とコミュニティーから離散し，新たな居住地を選択，確保しなければならない運命に置かれた（McDonald 2013, 写真 13-3）。

　政府は移転を支援，促進するため新たな住宅地開発を都心から約 10km 圏内で実施中である。2014 年 8 月現在で 20 ヵ所，5,153 区画を開発している。遠

距離が嫌われ，都心への近接性への要望が強かった結果といえよう。図13-4に10区画以上の開発予定地をもつ14地区（うち3地区は図外）とその区画数を示す。地形環境別にみると，後背湿地6件，丘陵5件，砂丘2件，扇状地1件になる。最大の開発地は都心から北へ約7kmのマーシュランドに位置するプレストン地区で，2,400区画が開発中である。2014年8月末現在，約3分の1が建築工事中であった。標準的な住宅地（土地600m^2，宅地面積200m^2，4寝室に2リビング仕様）の平均販売価格は約60万NZドルであった。本地区では約16％が販売済みで，今後さらに建設と移住が進むと予想される。2番目に大きな1,700区画を開発中のウイグラムスカイでの購入率は15％である。一方，高い購入率を示したのはハンツベリー（230区画）の94％，ベイウオーター（94区画）の91％などで，安定した地盤でかつ眺望のよいポートヒルの高台環境の好まれる傾向が明瞭だ。大きな問題は買取額の多寡により，住宅の購入移転が容易な層，予算不足のため自己資金の投入を要する層，そして新規購入が困難な層とに分離してしまっていることである。

　なお，2014年3月5日には本市を豪雨が襲い，市域の広い範囲で浸水被害が発生した。とくに，エイボン川北岸地区でこれまで予想されていなかった地区が浸水して深刻な問題となっている。地震に伴う断層運動による沈降および液状化による地盤変形とが複合した結果で，既存の排水システムが機能しなくなった地区が生じたためである。市は早急に治水対策への新たな対応を迫られることになった（NIWA 2014）。

　なお，南部のポートヒルでは落石や崖くずれの危険性が高い455件の住宅地などがレッドゾーンに指定された。2015年3月現在，約82％にあたる371件がCERAの提案を受け入れ，移転している[6]。

13-3　復興計画案

1）市の原案

　2011年8月11日パーカー市長が"city in a garden"と称するクライストチャーチ市の復興計画原案を発表した[5]。これは2012年から10年間をかけ，予算見積約20兆NZドルを投資するCBDの根本的改造をめざす大規模な復興計画である。市は"Share an Idea"とよぶ市民からの意見公募を実施，集まった約10.6万件の意見を踏まえて市役所が約3ヵ月間でまとめ上げたものだ（口絵19）。そして9月以降，原案に対する市民から意見の公募や公聴会，国内外の専門家からの意見聴取などを実施して修正，12月21日に最終案をCERAに提出した（Christchurch City Council　2011）。資金調達には半分を市（主に損害補償金を充当），残りを国と個人投資家に頼るものである。市の復興計画はコンパクト・緑化・利便性・追憶というキーワードで要約できるだろう。事業計画の中心として次の5点があげられる。

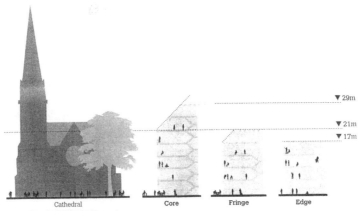

図 13-5　市の復興原案による高度制限（The Press, August, 12, 2011 による）

①エイボン川の公園化

　河岸地を拡張して市内を貫く連続的な緑地帯とする。これはリバーフロントの特性を生かして憩いの場とし，歩道と自転車道を整備してカフェなどをおく。

②コンパクトで低層の CBD を創造

　復興新建築には高度制限を設ける。中心部では最高 29m（7 階）以下とし，周辺へ 21m（5 階），17m（4 階）と段階的に低くする（図 13-5）。中心部を狭く限定して集約的に再開発し，その周辺に居住地区を配置して活性化をねらう。道路は対面通行として時速 30km 以下に制限し，環状の歩道と自転車道および緑地を設置する。バス乗換場へのアクセスを抜本的に改善する。

③ライトレールの新設

　中心部と市立病院やカンタベリー大学を新設のライトレールにより結ぶ。大学と中心部が結ばれれば中心部に居住する学生数を増加させる。将来は空港，リトルトン，ニューブライトンなどへの拡張計画をもつ。

④新たな施設

　市民生活を充実させるスポーツ・コンプレックス，豊かさと誇りを持たせるための図書館や劇場，会議場などを新たに建設する。

⑤地震の記憶装置

　大聖堂前広場を緑地化してメモリアル空間を新設する。また，地震博物館や研究施設を設立する。

2）修正計画

　市が作成した計画原案は歴史観光都市として評価の高い既存の価値と決別し，21 世紀型のコンパクトなエコタウンを創造しようとする画期的プランとして評価される。CERA へ提出後，調整と修正が加えられ，最終計画案は 2012 年 7 月に公表された（CERA・Christchurch City Council 2012），口絵 20（図 13-6）はそのプランである。

　修正された新復興計画案は市作成の原案と比較して，次の点で大きな変更が加

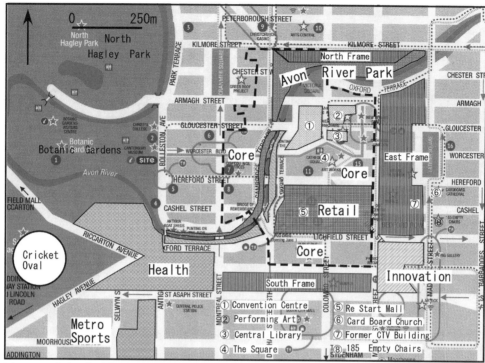

図 13-6 市中心部の修正復興計画プラン（Christchurch Central Revovery Plan により編集）

えられている（図 13-6）。

1) 新計画案は復興の事業期間を 2016 年度までの 6 年間に短縮した。市原案では 2022 年までの 10 年間をかける予定だが，復興法の期限である 2016 年度に合わせ 4 年短縮した処置である。期間内に復興事業が完成するのか，強引に事業が推進されるのではないか，との意見も強い。

2) 新計画案では CBD 中心部をコア（core）とよび，これをコの字状に取り囲むフレーム（frame）地区が設定された。フレームによってコアはスクエアを中心に 12 ブロックのコンパクトな空間に限定される。フレームは主に公園や緑地などに利用するものとされたが，利用に関しては明確な方針がなく，住宅地開発地区に指定された部分ではビルなどが建設され始めている。

3) コア内における機能の集中と分化が明確にされた。小売スペースはスクエアの南に隣接する 4 ブロックに集中させ，その南側にバス乗換場と裁判・緊急施設を置く。スクエアの北側には国際会議場，図書館，芸術劇場などの新しい建築物を配置することが予定されている。現在，最も活発にビル建設が進められている地区である。

4) 南西端の市立病院を中心に医療・健康施設やスポーツセンターを集中させる。イノベーション地区を南東角に設置する。しかし，市の歴史的シンボルである大聖堂の再建案は未決定であり，中心部と大学を結ぶライトレール案は廃棄された。

5) CBD 地区の高度制限は中心から外側へ 31m, 21m, 16 ～ 17m, 11m の順に緩和され, 階段状に外側へ低層化する構想は継承されてはいるものの, モザイク状配置が著しく, 統一感はなくなっている。

2012 年 12 月, 新計画案に対してパーカー元市長は住民参加にもとづく市の計画案を無視していると懸念し, 政府に再考を求める意見を出した（The Press 2013))。CBD 復興の主体は市から CERA に移行しており, 資金と決定権をにぎる政府の方針が強く反映している。これに対する市民の不安や違和感, 抵抗が強く示されており, 市民感情を代表したものといえよう。

3) CBD 内の取り組み

2014 年 8 月現在, 市民グループらが取り組んでいるユニークな復興活動には以下のようなものがある。①キャッシェルモールではコンテナを積み上げたショッピング地区が創成されている。「Re Start」と名付けられたこの一角は市民や観光客の人気を集めており, 一見殺風景なコンテナだが, 利用法次第で大いに活用できることを示す（写真 13-4）。これに隣接して地震展示館もオープンした, ②市名物「トラム」の運行が再開され, NewRegent 通から博物館の間を往復している（1 日乗車券は 10 ＄), ③市内の復興状態を見学するバスツアーが催行されている（1 人 29 ＄), ④メモリアル空間が形成されている。Madras 通の旧国教会跡地にカードボードの仮設教会が完成した（写真 13-5）。建築家坂茂氏の設計による斬新な建築デザインで, 世界的な注目を集めている。その西隣は多くの犠牲者を出した元 CTV ビルの跡地で, 記念公園化されている。さらに教会の南隣は, 元長老教会の跡地で, ここには地震で犠牲になった 185 人のための空の椅子が置かれている（写真 13-6）。このように, ラティマー Latimer 広場の南地区は地震で倒壊した教会やビルの跡地を利用した犠牲者の追悼と記憶のための空間が集中しており, メモリアル空間ゾーンとして注目されよう。しかし, いずれも一時的な仮の施設であり, 恒久的なあり方は未定のままである。

2014 年 9 月総選挙の結果, キー首相の国民党が勝利して引き続き政権を担

写真 13-4　リスタートのコンテナモール（2014 年 8 月撮影）

写真 13-5　カードボードの仮設教会（2014 年 8 月撮影）

写真 13-6　135 人の空の椅子（2014 年 8 月撮影）

当することになった。選挙結果を受けて，政府は復興法や CERA の期限である 2016 年度内の復興計画実施に向けて全力で推進していくだろう。現市長ダルジール氏は元労働党の幹部であり，市や市民のストレスは高くなる一方とみられる。今後，政府・CERA と市役所・市民間の緊張と軋轢が高まる可能性があり，これをいかに調整しながら市民本位の復興を進めていくかが課題になるだろう。

13-4　結論

1) ガーデンシティーとして伝統的なレンガ建物群と美しい庭園や緑濃い並木などで観光地として人気の高かったクライストチャーチ中心部は地震によって大きく破壊された。政府は 2 ヵ月後に復興法と復興庁を立ち上げ，5 ヵ月以内に復興計画の基本的枠組みを示すゾーニングを公表した。レッドゾーンは復興不可能として強制移転の処置を決定した。約 6,500 戸が政府により買い

取られ，約 1.5 万人の住民が強制移転の対象となった。このような災害後の大規模な強制移転は史上例のない事業である。政府の強い方針と実行力を示すが，レッドゾーン住民の生活と人権保障の点で課題をかかえている。

2) 住民の意向を尊重したクライストチャーチ市の復興原案は，コンパクトでエコ指向の 21 世紀型の都市改造を目標とした。しかし，CERA との調整の結果，2012 年 7 月に決定された最終計画案は大きな方向転換を示し，より現実的な内容になった。資金と権力をにぎる政府の意向を強く反映した最終復興プランに対してクライストチャーチ市や市民から不安と不満が生じている。

3) 早い段階で政府が大胆な復興方針を提示し，強い実行力を発揮して計画を実現していく政府。市民の総意を取り込んだ新たな 21 世紀型都市を創成しようとする市役所。ニュージーランドにおける復興事業は日本の震災復興に際して貴重な教訓と示唆を与えるものといえる。

注

1) 本文は 2011 年 9 月末の状況により書き下ろした内容を 2014 年 8 月の調査結果により，補足，修正したものである。なお，ニュージーランドドルは NZ ドルと記し，1 ＄を 70 円に換算した。
2) http://canterburyearthquake.org.nz
3) http://www.cargts.com/
4) The Press Christchurch, June 24, 2011
5) The Press Christchurch, August 12, 2011.
6) http://cera.govt.nz/news/final for PortHills Crown offer acceptances

終章

　本書は環太平洋地震帯を対象として，1920年～1930年代の日本，台湾，カリフォルニアおよびニュージーランドにおいて発生した地震災害，1990年～2010年代の台湾およびニュージーランド・クライストチャーチの地震災害を取り上げた。

　本研究の目的は1）地震災害の発生から復興にいたる震災の全過程，すなわち震災サイクルとその特徴を明らかにすること，2）震災サイクルが自然環境や歴史・文化などを異にする地域において，住民，自治体，政府などの対応と復興にいかに反映しているかを明らかにすることである。これを比較地震災害論とよぶ。著者の研究視点は読者がすでに読み取っていただいた通り，1）地震被害の地域的実態とその発生要因を自然地理学の立場から明らかにすること，2）緊急対応や復興過程の特徴を地理学的・歴史学的視点から明らかにすることである。本研究によって明らかになった点を以下に要約する。

1. 地震被害と発生要因

1）地表地震断層に伴う地表変位の直接的影響は激甚な被害を発生させる。とくに断層近傍に位置する建物は例外なく大破している。。
2）逆断層型地震の場合，上盤側において被害は著しく，かつ広範囲にわたって発生している。横ずれ断層では激甚被害が断層近傍に限定される。地震断層による被害を軽減するため，活断層上での土地利用規制が望まれる。台湾ではカリフォルニア州の活断層法にならい1999年地震を契機にアジアで最初の活断層近辺の開発を制限する禁建区が法的に制定された。現在では，より包括的な地質法として施行されている。
3）被害分布から，後背湿地，旧河道や谷底低地，池沼やため池の埋立地，盛土の人工地盤，干拓地など災害危険地形において建物被害が著しいことが繰り返し指摘された。これらは地形の形成過程や人工改変による表層軟弱層による震動の増幅が主要因である。また，砂質地盤地域で生じやすい液状化によってインフラや建物に大きな被害が生じる。2011年クライストチャーチ地震では，国の決断により液状化被害の著しい危険地形地域から約6,600戸，約1.5万人の強制移転を実行した。これは活断層上での土地利用規制のみならず災害危険地形における開発や居住について規制や警告などの処置と対策が必要であることを示す。

4) 日本の木造家屋被害は沖積低地で著しい。しかし，台湾の土埆造，アメリカやニュージーランドにおけるレンガやブロック造建物は固結した岩盤からなる山地や丘陵上での被害が著しい。地震動の強さとともに建物の固有周期と震動特性による影響が大きいことが注目される。

2. 復興過程

1) 関東大震災の直後に連発した北但馬および北丹後の両震災において，兵庫県および京都府は帝都復興事業の経験と教訓に学び，迅速に道路拡幅と道路計画の設定を町村に指示している。これが以後の復興事業の基礎を作ることになった。道路用地は無償寄付を基本としたが，都市部では1割程度の減歩や用地買収を行った。このため，自治体は買収資金の不足に苦しみ，地主層らは減歩と評価額に対して強く反発した。そして，復興事業の中断縮小，放棄などを余儀なくされている。これらの困難を乗り切るため，強い指導力や豊富な経験を有する地域リーダーが必要とされた。

　　豊岡町の復興では耕地整理組合の計画を拡大させ市街地の区画整理を実施する復興計画を立てたが，一部の地主や寺院の反対により完全実施できず中断した。一方，網野町網野区では地震直後に区長と組長を中心に被災民から区画整理の同意書を迅速に集めて復興方針を決定し，不良住宅化した市街地を一新させる復興をめざした。役場の助役らも区画整理実現に協力して府や税務署，金融機関，反対者などを説得，3年半後にほぼ計画通り区画整理事業が完工した。これは日本における震災復興区画整理が完全実施された稀有な事例である。一方，峰山町では有力者らが住民意志を聴取することなく復興委員会の設置や人選を決定，道路拡幅を最優先する復興計画を一方的に決定した。このため，事業は迅速に進み1年半後には府道と町道の拡幅事業が竣工できた。しかし，近世陣屋町から引き継がれた市街地の過密な構造は改善されなかった。また，用地買収の財源が確保できず，用地交渉は約2年間停滞した。この難局を打開するため内務省復興局の実務経験者を助役に抜擢し，地震3年後に譲渡契約と登記を終了させることができた。京都府の主導により峰山町に震災復興のシンボルとして丹後震災記念館が建設された意義は大きく，同町の震災記念展は今日まで継続されている点も高く評価できる。

2) 台湾植民地では，1935年地震による激甚被害の主要因は耐震性の低い土埆造および家屋の構造欠陥にある。このため，再建に際して土埆建築の禁止と耐震性の向上をめざす建築規制を厳密に実施した。また，18の激甚被害集落を対象に，新たな道路系統と区画整理を中心とする近代的復興都市計画を実施した。これらは日本へ関東大震災や帝都復興で得られた知識や技術を下敷きに植民地体制下での総督府の絶対的権力により可能になった。さらに，住民の復興精神と自覚を促す自立更生運動が展開されたが，これを利用して

日本への同化政策が強く推進されることになった。

3) 1925 年サンタバーバラ地震では，中心部の建物が大きな被害を受けたため，市が復興計画を立案する組織を設置し，ボランティア運動の市民リーダーらを要職に起用した。その結果，南カリフォルニアの風土と文化に適合したスペイン風デザインに統一する建築規制が実施され，調和のとれた美しい都市景観をつくり上げることに成功した。この見事な復興景観が観光地としての名声を高め，現在まで貴重な文化遺産としての役割を果たしている。

　1931 年ホークスベイ地震ではネーピアとヘイスティングスの二都市が被災した。政府により復興を取り仕切る復興委員会が設置され，ネーピアは 2 年間その直轄区となって強力に復興事業が進められた。サンタバーバラの教訓に学び，安全でより美しい都市を再生するため，RC 構造 2 階建のモダンで安価なアールデコのデザインが統一的に採用された。今日では，世界最大のアールデコ建築の集積地として世界的に著名である。一方，ヘイスティングスはネーピアに較べて十分な復興資金が得られず，資金調達に苦しみながら自力による復興を進めることになった。このため，復興に 3～5 年を要する困難な事業となった。しかし，当地の風土と嗜好にあったスペイン風デザインを中心にアールデコなどが共存，融合するユニークな建築景観が形成されている。

4) クライストチャーチ地震　2010 年 9 月以降の一連の地震活動，とくに 2 月 22 日の余震によってクライストチャーチ市街地は甚大な被害を受けた。政府は 1 ヵ月後に地震復興庁（CERA）を設置，その 3 週間後には 2016 年まで 6 年間の時限立法であるカンタベリー地震復興法を制定して迅速な対応をおこなった。6 月 23 日に復興計画の基礎となるゾーニングマップを公表した。ここでは，液状化による被害が繰り返し発生したエイボン川低地などをレッドゾーンに指定し，復旧を断念して他地域への強制移転地区とした点は注目すべきことである。これには約 6,600 戸，約 1.5 万人が対象となるが，3 年後（2014 年 8 月）には政府による宅地・住宅の買収と住民の移転という大事業はほぼ終了している。このような震災後の大規模な移転事業は歴史的に例をみない取り組みであり，政府の明確な方針と強い実行力を示すものといえる。しかし，住民意志などは考慮されることなく，転居と生活再建の困難さは極めて大きい。

　一方，クライストチャーチ中心部の復興計画原案は市が中心となり，市民の意見と要望を聴取，さらに専門家らの助言と討議を経て半年後の 8 月に発表された。これは従来の歴史観光都市の価値観と決別し，コンパクトでエコ指向の 21 世紀型新都市を 10 年間かけて創りだす計画である。これが CERA に提出され，政府と市による調整の結果，2012 年 7 月に修正された最終案が公表された。これによれば，事業期間を 6 年に短縮し，復興事業の縮小と合理化など政府の意向を強く反映した現実的内容になっている。一方，市が立案した復興計画との乖離が大きくなり，市民が希求する新たな文化や生活など復興都市像に対して資金をにぎる CERA の復興事業との調整は難しく，

クライストチャーチ復興に対する三者の合意形成をいかに創るかが重要な課題となっている。

参考文献
(著者のABC順に配列)

第1章

浅子里絵（2014）昭和初期兵庫県豊岡の市街地の変容―北但馬地震（1925）を契機として―，佛教大学大学院紀要文学研究科編，42，47-62.

兵庫県（1926）『北但震災誌』，202p.

兵庫県会事務局編（1953）「北但地方の震災」，「大正十四年第2回臨時県会」，『兵庫県会史第三輯第一巻上』191-206，796-819.

今村明恒（1927）但馬地震調査報告，震災予防調査会報告101，1-30.

伊藤之雄（1987）政党基盤の変化―地方政治状況―，『大正デモクラシーと政党政治』283-369，山川出版社

木村發（1942）『乙丑震災誌 上中下巻』，豊岡町役場

金慶海（2001）豊岡を襲った1925年北但馬大震災と朝鮮人，『兵庫のなかの朝鮮』242-244.

越山健治・室崎益輝（1998）大震火災都市における復興計画に関する研究―北但馬地震（1925）における城崎町，豊岡町の事例―，地域安全学会論文報告集，8，310-315.

越山健治・室崎益輝（1999）災害復興計画における都市計画と事業進展状況に関する研究―北但馬地震（1925）における城崎町，豊岡町の事例―，1999年第34回日本都市計画学会学術研究論文集，589-594.

松井敬代・中尾康彦・八木雅夫（2006）豊岡復興建築群，兵庫県教育委員会編『兵庫県の近代化遺産』189-190.

西村天來（1936）『豊岡復興誌』，但馬新報社，432p.

杉山英男（2004）近代建築史の陰に 北但馬地震（その1-8），建築技術，647-654号

谷川晃一朗（2009）兵庫県円山川下流域における沖積層の層序・堆積環境と完新世の相対的海水準変動，第四紀研究，48，255-270.

谷口忠（1927）但馬地震建築物被害調査報告，震災予防調査会報告101，41-62.

豊岡市史編集委員会編（1987）「北但大震災」，「大正デモクラシーと地方行政」，『豊岡市史下巻』357-378，396-400.

豊岡町耕地整理組合事務所編（1933）『豊岡町地区整理誌』，146p.

豊岡市教育委員会編（1969）「(64)いわゆる豊岡疑獄事件」，『目で見る豊岡の明治100年史』

第2章

福知山市史編さん委員会編（1992） 由良川堤防の建設，『福知山市史第四巻』645-648.

兵庫県救済協会編（1929）『奥丹後震災救護誌』，108p.

小室万吉編（1933）『震災の岩滝』，100p.

京丹後市教育委員会編（2013）『京丹後市の災害』，京丹後市史資料編，277p.

京丹後市教育委員会編（2010）『丹後震災記念館―建築とその後の展開―』，12p.

京丹後市教育委員会編（2011）『丹後震災救護資料集』，351p.

京都府会事務局編（1953）『京都府会史 昭和時代総説』，

京都府（1928）『奥丹後震災誌』，648p.（付録90，表46）
京都府測候所（1927）『北丹後地震報告』，88p.
永濱宇平（1930）『丹後地震誌』，456p.
日本赤十字社京都支部編（1928）『奥丹後震災救護誌』，207p.
大場修（2007）『丹後震災からの建築復興過程に関する調査研究報告書―神社・小学校を中心に―』，京都府立大学人間環境学部大場研究室，95p.
大邑潤三（2013）1927年北丹後地震および1925年北但馬地震における久美浜湾沿岸の被害とその発生要因，歴史地震，28，27-34.
田中信吉編（1927）『昭和二年三月七日峰山町大震災誌』，80p.

第3章
蒲田文雄（2006）『昭和二年北丹後地震』，古今書院，215p.
小林啓治（2009）北丹後震災における京都府・陸海軍・諸団体の救護・救援活動に関する一考察，京都府立大学研究報告人文，61，35-65.
京丹後市史編さん委員会編（2013）『京丹後市の災害』，京丹後市史資料編，277p.
京都府（1928）『奥丹後震災誌』，648p.（付録90，表46）
峰山郷土史編さん委員会編（1985）『峰山郷土史 上』，680p.
永濱宇平（1929）『丹後地震誌』，456p.
追谷奈緒子・越山健治・北後明彦・室崎益輝（2002）小規模都市の災害復興都市計画に関する研究―1927年丹後震災における峰山町―，平成14年度日本建築学会近畿支部研究報告集，657-660.
岡田篤正・松田時彦（1997）1927年北丹後地震の地震断層，活断層研究，16，95-135.
杉山雄一・佃栄吉・徳永重元（1986）京都府丹後半島地域の更新世後期から完新世の堆積物とその花粉分析，地質調査所月報，37，571-600
田中信吉編（1927）『昭和二年三月七日峰山町大震災誌』，80p.
植村善博・奥田裕樹編（2014）『小林善九郎関係文書調査報告書』，京丹後市教育委員会，61p.

第4章
網野町誌編さん委員会編（1992）『網野町誌上巻』，787p.
井上正一（1972）『森元吉翁小傳』，森元吉翁顕彰会，126p.
石井英橘（1927）奥丹後震災に於ける工兵隊の活動，建築雑誌，41，288-291.
小林啓治（2009）北丹後震災における京都府・陸海軍・諸団体の救護・救援活動に関する一考察，京都府立大学研究報告人文，61，35-65.
越山健治・室崎益輝（1999）災害復興計画における都市計画と事業進展状況に関する研究―北但馬地震（1925）における城崎町，豊岡町の事例―，1999年第34回日本都市計画学会学術研究論文集，589-594.
京都府（1928）『奥丹後震災誌』，648p.（付録90，表46）
岡田篤正・松田時彦（1997）1927年北丹後地震の地震断層，活断層研究，16，95-135.
大場修（2007）『丹後震災からの建築復興過程に関する調査研究報告―神社・小学校を中心に―』，京都府立大学人間環境学部大場研究室，95p.
角田清美（1982）奥丹後半島の海岸砂丘地の地形，砂丘研究，29，32-44.
竹中正夫（2001）『和服のキリスト者，木月道人遊行記』，日本基督教団出版局，272p.

第5章

張瑞津・鄧國雄・劉明錡（1998）苗栗丘陵河階之地形学研究，国立台湾師範大学地理研究報告，29，97-114.
中央気象局・地球科学研究所（1999）『台湾十大災害地震図集』，289p.
地震研究所(1936)『昭和10年台湾中部地震に関する論文及報告』，地震研究所彙報別冊，3，228p.
徐明同（2005）『日治時代台湾三大災害地震紀要』，104p. 中興工程科技研究発展基金会
許華杞・小菅正裕・佐藤裕（1982）1935年新竹－台中（台湾）地震のメカニズムと断層モデル，地震，35，567-574.
許華杞・遊麗方・佐藤裕（2000）1935年新竹－台中地震と1999年台湾地震の断層とそのテクトニクス的背景，測地学会誌，46，69-82.
宮村攝三（1948）東海道地震の震害分布（その1），地震研究所彙報，24，99-134.
村松郁栄（2006）『濃尾地震―明治24年内陸最大の地震―』，131p. 古今書院
大森房吉（1905）台湾調査一班，震災予防調査会報告，54，1-223.
大塚彌之助(1936)昭和10年4月21日台湾中部地方に起こった地震に伴へる地震断層，附地震断層の諸特徴，地震研彙報別冊，3，22-74.
斉田時太郎（1936）台湾に於ける震害と地盤に就いて，地震研彙報別冊，3，96-109.
佐野利器（1935）新竹台中両州震災地観察報告佐野博士報告，台湾建築会誌，7，244-251.
佐野利器（1935）台湾地震と建築，建築雑誌，49-605，1288-1295.
鈴木武夫（1936）土角造家屋の耐震度，地震研彙報別冊，3，110-119.
台北観測所（1936）『昭和十年四月二十一日新竹台中烈震報告』，160p.
台湾総督府（1936）『昭和十年台湾震災誌』，532p.（付142＋36）
田治米辰雄・望月利男・松田磐余（1978）『地盤と震害―地域防災研究からのアプローチ―』，258p. 槙書店
高橋龍太郎（1936）昭和10年4月21日の台湾中部地震の震度分布と土角造家屋の被害に就いて，地震研彙報別冊，3，120-140.
千々岩助太郎・中井晴八郎（1935）昭和10年4月21日の台湾中部地震における建築物の被害に就いて，台湾建築会誌，7，135-156.

第6章
苗栗県社区大学公館学習中心（2012）『国歌少年詹徳坤的故事（初編）』，38p.
東山京子（2014）台湾の震災と台湾総督府官僚，被災調査報告の共有化と被災記録の伝承，『歴史のなかの日本と台湾東アジアの国際政治と台湾史研究』，95-127. 中国書店
兵庫県（1925）『北但震災誌』，202p.
木村發（1942）『乙丑震災誌 上』，43p. 豊岡町役場
近藤正巳・北村嘉恵・駒込武編（2012）『内海忠司日記1928-1939 －帝国日本の官僚と植民地台湾』，1195p. 京都大学学術出版会
越沢明（1987）台北の都市計画，1895-1945 －日本統治期台湾の都市計画，第7回日本土木史研究発表会論文集，121-132.
黄武達編（2006）『日治時期台湾都市発展地図集』，南天書局・国史館台湾文献館
黄昭堂（1981）『台湾総督府』，歴史新書147，276p. 教育社
森宣雄・呉瑞雲（1996）『台湾大地震－1935年中部大震災紀實－』，203p. 遠流出版
王惠君（2002）1935年震災地市区改正計画施工地区における家屋の構造的な変化に就いて，日本建築学会大会学術梗概集，2002年8月，625-626.

王恵君（2007）台湾における建築安全と技術変化の背景，『日本の技術革新－経験蓄積と知識基盤化－』第3回国際シンポジウム梗概，1-4．
新竹州（1938）『昭和十年新竹州震災誌』，392p．
塩川太郎（2014）1935年台湾新竹－台中地震の台中州における地震記念碑について，歴史地震，29，61-70．
末光欣也（2007）『台湾の歴史 日本統治時代の台湾』，381-386，致良出版
台中州（1936）『昭和十年台中州震災誌』，363p．
台湾総督府（1907）『嘉義地方震災誌』，428p（付21）
台湾教育会（1935）台湾教育六月号，震災特輯号，1-125
台湾総督府（1936）『昭和十年台湾震災誌』，532p．（付142＋36）
陳正哲（1999）『台湾震災重建史日治震害下建築與都市的新生』，234p．南天書局

第7章

921地震教育園區『921地震教育園區ガイドブック』，国立自然科学博物館
California Department of Conservation (1997) *Fault rupture hazard zone in California*, Special Pubulication, 42, 38p.
中央地質調査所（1999）九二一地震車籠埔断層沿線地表断裂位置図．
内政部営建署編（1999）『921大地震都市計画区及郷村区建物毀損調査図集』，93p．
経済部中央地質調査所（2000）『九二一地震地質調査報告』，314p．
経済部（2014）『活動断層地質敏感区確定計画書 F0001車籠埔断層』，31p．
工業技術研究院（2003）『台中市車籠埔断層帯付近地区因震災損毀之巳建築用地安置計画地質鉱探與調査分析』，75p．台中市政府
栗山利男・荏本孝久・望月利男（2000）921台湾集集大地震における建物被害に関する一考察，総合都市研究，72，61-75．
Loh, C.H. and Tsai, C.Y. (2000) Responses of earthquake engineering research community on the Chi-Chi (Taiwan) Earthquake, *Proceeding of Canada-Taiwan workshop on natural hazard mitigation*, 1-27.
中林一樹（2000）921台湾集集地震災害の特徴と震災対策の課題，総合都市研究，72，117-133．
New Zealand Ministry for the Environment (2003) *Planning for development of land on or close to active fault—A guideline to assist resource management planners in New Zealand —*. 67p.
西川孝夫（2000）921集集大地震（台湾中部地震）の強震動特性と建物被害，総合都市研究，72，51-58．
太田陽子（1999）台湾中部集集大地震による地震断層 第1報 地質ニュース，543，7-14．
大内 徹・林愛明・陳讚煌・丸山 正（2000）1999年台湾集集地震－断層と地震被害－，『921集集地震（台湾）地震調査合同報告書』，43-65．
王恵君（2007）台湾における建築安全と技術変化の背景，『日本の技術革新－経験蓄積と知識基盤化－』，第3回国際シンポジウム梗概，1-4．
李元希・呉維毓・石同生・蘆詩丁・謝孟龍・張徽正（2000）九二一集集地震地表変形特性－埤豊橋以東，中央地質調査所特刊，12，19-40．
李秉乾・周天穎・雷祖強・林哲彦・黄碧慧・呉政庭（2005）利用集集大地震資料建立建築物地震危険度評価模式Ⅰ建築損害資料庫，中国土木水利工程学，2005-5，1-24．
林啓文・張徽正・蘆詩丁・石同生・黄文正編著（2000）台湾活動断層概論第二版，中

央地質調査所特刊，13，122p.
林雪美（2004）台湾地区近三十年自然災害的時空特性 国立台湾師範大学地理研究報告，41，99-128.
劉明錡（2004）台湾西北部河階之地形学的研究，国立台湾師範大学地理学系博士論文 150p.
石同生・林偉雄（2005）活断層沿線土地禁限建問題芻議，『2005年台湾活動断層與地震災害検討会論文集』，207-217，および林偉雄氏による私信.
孫思優・呉柏林・田永銘（1999）活動断層附近禁・限建問題之深討，『1999集集地震災害調査研討会』33-66.
台中市政府（2001）『台中市重建綱要計画（断層帯以西）』
台湾省文献委員会編（2000）『九二一集集大地震救災紀實－附一〇二二嘉義大地震－（上・下）』，1688p.
照本清峰・王雪雯・中林一樹（2005）台湾における車籠埔断層沿線区域の建築制限の展開と住民の対応，日本都市計画学会都市計画論文集，40-3，703-708.
Tsai,K.C.,Hsiao,C.p., and Bruneau, M.（2000）Overview of building damages in 921 Chi-Chi Eartquake, *Earthquake Engineering and Engineering Seismology*, 2, 91-106.
植村善博（2001）台湾の変動地形と地殻変動，『比較変動地形論 プレート境界域の地形と第四紀地殻変動』，144-172．古今書院

第8章

秋本福雄（2004）サンタバーバラにおけるアーキテクチュアル・コントロールの成立，日本都市計画学会都市計画論文集，39, 871-876.
Burrell F.C.,Dunton,W.A.,Grunsky,C.E.,Healy,C.C.,Herbold,C.J.,Maybury,E.L. and Wing,W,B.（1925）Report of engineering committee on the Santa Barbara earthquake, abstract. *Bulletin of the Seismological Society of America*,15, 302-304.
California Department of Conservation（1992）*Fault-Rupture Hazard Zones in California Revised 1992*. California Department of Conservation, Division of Mine and Geology, Special Publication 42, 32p.
Chase,P.（1959）Bernhard Hoffmann － Community Builder. *Noticias Quatery Bulletin of the Santa Barbara Historical Society*, 2-2,15-22.
Dewell,H. and Willis,B（1925）Earthquake damage to buildings. *Bulletin of the Seismological Society of America*, 15, 282-301.
Dibble Jr,T.W.（1966）*Geology of the central Santa Ynez Mountains, Santa Barbara County, California*. California division of Mines and Geology. Bulletin 186. 99p.
Dibble Jr,T.W.（1986）Geological map of the Santa Barbara quadrangle, Santa Barbara County,Ca. Map DF-06, USGS.
Easton,R,（1990）The Santa Barbara Earthquake Three Episodes and an Epilogue. *Noticias Quatery Bulletin of the Sanata Barbara Historical Society*, 36, 1-15.
江口信清（1998）震災後の町作りと観光地化－アメリカ合衆国カリフォルニア州サンタバーバラの事例－，立命館文学，553，94-107.
Gurrola,L.（2000）Geological Map of Santa Barbara. http//www.larrygurrola.com/
Hedden,V.（1925）Building department problems after the Santa Barbara Earthquake. *Bulletin of the Seismological Society of America*, 15, 320-322.
Helfrich,K.G.F.（2002）Site Work 4 Plaza de la Guerra reconsidered － the history of a public space. In *Plaza de la Guerra Reconsidered* edited by Petersen,A., Santa

Barbara Trust for Historical Preservation. 11-30.

Hoffmann,B. (1925) The rebuilding of Santa Barbara. *Bulletin of the Seismological Society of America*, 15, 323-328.

Israel,P. (1979) From rubble to revival the rebuilding of a city. In *Environmental Hazard and Community Response*, edited by Johnson,G.W. and Nye,R.L., Public History Monograph UCSB, 2, 53-79.

Jennings,C.W. (1985) An explanatory text to accompany the 1:750,000 scale fault and geologic maps of California. California Department of Conservation, Bulletin, 201.

Norris, R.M. (2003) *The Geology and landscape of Santa Barbara County. California and its offshore Islands.* Santa Barbara Museum of Natural History, 246p.

Nunn, H. (1925) Municipal problems of Santa Barbara. *Bulletin of the Seismological Society of America*,15, 308-319.

Olsen, P.G. and Sylvester, A.G. (1975) The Santa Barbara Earthquake, 29 June 1925. *California Geology*, 28-6, 121-132.

Sylvester, A.G. and Mendes, S.H. (1987) Field Guide to the Earthquake History of Santa Barbara. The 82nd Annual Meeting of the Seismological Society of America. 53p.

Tompkins, W.A. (1975) *Santa Barbara, Past and Present An Illustrated History.* 119p. Tecolote Books.

Tompkins, W,A. (1983) *Santa Barbara History Makers*. 423p. McNally & Loftin.

Triem, J. (1979) The Community Responds Emergency Relief and Recovery Efforts. In *Environmental Hazard and Community Response*, edited by Johnson,G.W and Nye,R.L.,Public History Monograph UCSB, 2, 29-51.

Yerkes, R.F. & Lee,W.H.K. (1975) Fault, fault activity,epicenters, focaldepth, focal mechanisms,1970-75 earthquakes western Transverse Range Calif. Map MF-1032, USGS.

第9章

Annabell, J.B. (2004) Napier,after the earthquake reconstruction and planning in the 1930s. *Proceedings from the seventh Australasian urban history/planning history Conference*. 1-14.

Axford,C.J. (2007) Barton,John 1875-1961, In *Dictionary of New Zealand Biography*, updated, p.22.

Building Regulations Committie (1931) Report, 30p.

Campbell,D.N. (1975) *Story of Napier 1874 − 1974*, 252p. Napier City Council.

City of Napier (2005) Proposed City of Napier district plan (updated April 2005), 663p.

Conly, G. (1980) *The shock of '31 The Hawke's Bay Earthquake*, 234p. Reed.

Daily Telegraph (1931) *Hawke's Bay, − Before and After the Great Earthquake of 1931 − An historical record*. Daily Telegraph, Napier.

Department of Science and Industrial Research (1939) *Land utilization report of the Heretaunga Plains*, Bulletin, 70,112p.

Downes, G.L. (1995) *Atlas of isoseismal maps of New Zealand Earthquakes*, IGNS Science Monograph 11,304p.

Dowrick, J., Rhoades, D.A., Babor, J., and Beetham, R.D. (1995) Damage ratios for houses and microzoning effects in Napier in the magnitude 7.8 Hawke's Bay, New Zealand Earthquake of 1931, *Bulletin of New Zealand National Society for*

Earthquake Engineering, 28, 134-145.
Dowrick, D.J. (1998) Damage and intensities in the magnitude 7.8 1931 Hawke's Bay, New Zealand Earthquake, *Bulletin of New Zealand National Society for Earthquake Engineering,* 31, 139-163.
Earthquake Commission (1995) A land in motion, 8p.
Henderson, J. (1933) Geological aspects of the Hawke's Bay Earthquake, New Zealand, *Journal of Science and Technology*, 16, 38-75.
Hull, A.J. (1990) Tectonics of the 1931 Hawke's Bay Earthquake, *New Zealand Journal of Geology & Geophysics*, 33, 309-320.
McGregor, R. (1998) *The Hawke's Bay Earthquake New Zealand's greatest natural disaster*, Art Deco Trust, 48p.
McGregor, R. (1999) *The New Napier, the art deco city in the 1930's*, Art Deco Trust, 56p.
McGregor, R. (1989) *The Great Quake,* Regional Publications Ltd, 72p.
損害保険料率算定会（2000）ニュージーランドの地震保険制度―Earthquake Commission―，地震保険調査報告，33，97p.
Stevenson, H.K. (1977) *Port and People—Century at the Port of Napier*, The Hawke's Bay Harbour Board, 352p.
植村善博（2007）ニュージーランド，ネイピア地域の土地利用，都市構造と港湾，佛教大学文学部論集，91, 1-15.
Wright, M. (2001) *Quake Hawke's Bay 1931*, 158p. Reed.

第10章
Boyd, M.B. (1984) *City of Plains A History of Hastings*, Victoria University Press, 464p.
Brodies, B.E. (1933) Damage to Buildings, *Journal of Science and Technology*, 16, 108-115.
Butcher, H.F. (1931) General Description of the Napier-Hastings Earthquake,3rd February,1931 *Community Planning* 1, 86-89.
Campbell, D.N. (1975) *Story of Napier 1874-1974*, 252p. Napier City Council.
Collaghan, F.R. (1933) The Hawke's Bay Earthquake General Description, *Journal of Science and Technology,* 16, 3-38.
Conly, G. (1980) *The shock of '31 The Hawke's Bay Earthquake*, 234p. Reed.
Dowrick, D.J. (1998) Damage and intensities in the magnitude 7.8 1931 Hawke's Bay, New Zealand Earthquake, *Bulletin of New Zealand National Society for Earthquake Engineering*, 31, 139-163.
Fowler, M. (2007) *From Disaster to Recovery The Hastings CBD 1931-35*, Michael Fowler Publishing, 238p.
Scott, E.F. (1999) A report on the relief organization in Hastings arising out of the magunitude7.8 earthquake in Hawke's Bay New Zealand on February 3,1931. *Bulletin of New Zealand National Society for Earthquake Engineering*, 32, 246-256..
Stewart, G. (2009) *Napier portrait of an Art Deco City.* Grantham House.
Uemura,Y. (2011) The Damage and Reconstruction Process of Hastings in the 1931 Hawke's Bay Earthquake, ニュージーランド研究，18, 59-65.
植村善博（2007）ニュージーランド，ネイピア地域の土地利用，都市構造と港湾，佛教大学文学部論集，91, 1-15.

Wright,M.（2001）*Quake, Hawke's Bay 1931*, 158p. Reed.

Wright, M.（2001）*Town and County, The History of Hastings and District*, Hastings District Council, 749p.

第11章

Dorwick, D.J., Berryman, K.R., McVerry, G.H. and Zhao, J.X.（1998）Earthquake hazard in Christchurch. *Bulletin of the New Zealand National Society for Earthquake Engineering*, 31, 1-23.

Fitzharris, B.B., Mansergh, G.D. and Soons, J.M.（1992）Basins and lowlands of the South Island. In Soons, J.M. and Selby, M.J. ed. *Landforms of New Zealand, 2nd Edition*, 407-423. Longman Paul.

Hull, A.G.（1995）Active faulting, paleoseismicity and earthquake hazard in New Zealand. *Earth Geophysics*, 1-22.

Stirling, M.W., Wesnousky, S.G. and Berryman, K.R.（1998）Probabilistic seismic hazard analysis of New Zealand. *New Zealand Geology and Geophysics*, 41, 355-375.

植村善博（2004）『ニュージーランド・アメリカ比較地誌』, 17, ナカニシヤ出版.

利用した主なサイト

http//www.stuff.co.nz/national/canterbury-earthquake

http//www.canterburyearthquake.govt.nz/

http//www.ccc.govt.nz/thecouncil/newsmedia/

http//canterburyearthquake.org.nz/

http//tvnz.co.nz/national-news/canterbury-quake/

http//www.gns.crinz/

第12章

Brown, L.J. & Weeber, J.H.（1992）*Geology of the Christchurch Urban Area.* IGNS, 104p.

Dorwick, D.J. *et al.*（1998）Earthquake hazard in Christchurch. *Bulletin of New Zealand National Society for Earthquake Engineering*, 31,1-23.

宮村摂三（1948）東海道地震の震害分布（その1），地震研究所彙報, 24. 99-134.

Raeside, J. D.（1974）*Soil map of Christchurch Region, New Zealand, Scale.1:63,360*, New Zealand Soil Survey Report, 16.

Suggate, R.P.（1958）Late Quaternary deposits of the Christchurch metropolitan area, *New Zealand Journal of Geology & Geophysics*, 1, 103-122.

The Press（2011）*Earthquake Christchurch, New Zealand, 22 February 2011*, 192p.

Wethey, D. & Stuart, I.（2010）*Quake— The Canterbury earthquake of 2010*, Harper Collins.

Wilson, J. *et al.*（2005）*Contextual historical overview for Christchurch City*, 325p, Christchurch City Council

第13章

CERA・Christchurch City Council（2012）*Christchurch Central Recovery Plan,* 108p.

千種キムラ・ステイーブン（2012）クライストチャーチ大地震とニュージーランド政

府および市民の対応－被災民としての体験を通して－,『「小さな大国」ニュージーランドの教えるもの』, 74-108, 論創社.

Christchurch City Council (2011) *Central City Plan, Draft Central City Recovery Plan for Ministerial Approval, December 2011*, 178p.

Conly, G. (1980) *The Shock of '31 The Hawke's Bay Earthquake*, 234p. Reed.

Dalziel, P. (2014) Regional development after a natural disaster Lesson from the Canterbury Earthquake in New Zealand. *AERU*, 1-10.

NIWA (2014) Public participation redefines Christchurch flood hazard. *Impact*, 52, 21.

武田真理子 (2014) ニュージーランド・カンタベリー地震, 海外社会保障研究, 187. 31-44.

The Press (2013) *A City Recovers Christchurch two years after the quakes*, 303p.

和田明子 (2012) 地震災害に対するニュージーランド政府及び地方自治体の対応－復興法・復興庁・復興計画を中心に－, ニュージーランド・ノート, 14, 30-44

和田明子 (2013) カンタベリー地震の復興行政と公的部門改革－2012年の動向を中心に－, ニュージーランド・ノート, 15, 27-38.

和田明子 (2014) カンタベリー地震の復興行政－復興戦略・復興計画を中心とした2013年中の動向を中心に－, ニュージーランド・ノート, 16, 8-15.

あとがき

　本研究は，自然災害の高いリスクをかかえる環太平洋地域で発生した直下型地震による災害と復興過程を自然地理学および比較地理学の視点から解明した成果である。

　すなわち，本書は既に公表した下記の研究論文に徹底的な修正を加えたものを中心に，新たに書き下ろした内容を追加して構成した。

第1章　1925年北但馬地震における豊岡町の被害と復興過程　歴史学部論集　第4号　2014年

第2章　1927年北丹後地震における峰山町と網野町の復興計画　歴史地震　第28号　2013年

第3章　1927年北丹後地震における峰山町の被害実態と復興計画（小林善仁・大邑潤三との共著）　鷹陵史学　第37号　2011年

第4章　1927年北丹後地震における京丹後市網野町網野区の被害と復興計画　歴史学部論集　第2号　2012年

第5章　1935年新竹―台中地震の被害と発生要因　歴史学部論集　第5号　2015年

第6章　1935年震災における台湾総督府の対応と復興計画　書き下ろし

第7章　台湾1999年集集地震による台中市および豊原市の建物被害と発生要因，歴史学部論集，第1号，2011年

第8章　A study of the damage and reconstruction process of the 1925 Santa Barbara and 1931 Hawke's Bay Earthquake.　ニュージーランド研究　第15巻　2008年
　　　　カリフォルニア州サンタバーバラ市都心部の1925年地震による被害と復興過程　京都歴史災害研究　第11号　2010年

第9章　1931年ホークスベイ地震の被害と復興―ネイピアの事例―　歴史地震　第23号　2008年

第10章　Damage and reconstruction process of Hastings in the 1931 Hawke's Bay Earthquake.　ニュージーランド研究　第18巻　2011年
　　　　ニュージーランド，1931年ホークスベイ地震によるヘイスティングスの被害と復興―ネーピアとの比較―　京都歴史災害研究　第14号

　　　　　2013 年
第 11 章　2010 年 9 月 4 日カンタベリー地震速報―クライストチャーチ市の被
　　　　　害と発生要因を中心に―　ニュージーランド研究　第 17 巻　2010 年
第 12 章　ニュージーランド，クライストチャーチ地震による被害の実態　地理
　　　　　56 巻 8 月号　2012 年
　　　　　2011 年クライストチャーチ地震の建物被害と地形環境　歴史学部論集
　　　　　第 3 号　2013 年
第 13 章　クライストチャーチ地震と復興計画　地理　57 巻 1 月号　2012 年
　　　　　2011 年震災におけるクライストチャーチ復興計画とレッドゾーン問
　　　　　題　ニュージーランド・ノート　第 17 号　2015 年

謝辞

　本書の根幹をなす災害の比較地理学的研究の重要性をご教示いただいた元立命館大学総長谷岡武雄先生，台湾における研究の契機と援助を与え，太平洋地域へ関心を導いてくださった国立台湾師範大学名誉教授石再添先生，ニュージーランドでの研究を親身に支え，日本との文化や災害観の比較について議論してくださった元ビクトリア大学上級講師狩野不二夫先生。筆者にとってかけがえのない三人の恩師は近年相次いで他界され，本書へのご意見をうかがえないことは痛恨の極みである。三先生に心からの感謝をこめて本書をご霊前に捧げたい。
　地震災害研究の先達として元立命館大学北原糸子先生には災害研究の意義と研究姿勢を身をもって示してくださり，立命館大学の先輩・同輩にあたる伊藤安男，日下雅義，吉越昭久の三先生には日頃より励ましと援助を惜しまれなかった。共同研究と議論の機会を与えられた国立歴史民俗博物館および同原山浩介氏，京丹後市史編さん事業の一環として市内の災害調査および『京丹後市の災害』編集にあたり誠意ある対応と援助をいただいた京丹後市役所および同市教育委員会，以上の皆様に深甚なる感謝の意を捧げます。
　北但馬震災の調査にあたり，豊岡市教育委員会の松井敬代，石原由美子，祥雲寺吉田宗玄，豊岡河川事務所小長谷健，出石町中村英夫，神戸市公文書館松本正三，兵庫大学原田昭子の各氏から史資料の閲覧や聞きとりに際して親切な協力をいただいた。
　丹後震災調査にあたり，峰山町の糸井昭，田中園子，吉村緑の各氏およびアワノ旅館，網野町では網野連合区事務所および森昌夫，森真一郎，森茂夫，山下公司，野村秦一の各氏には未公表資料の閲覧と引用許可，資料提供と聞き取りに協力いただいた。京丹後市教育委員会能勢知生・新谷勝行両氏には調査の全ての過程において格段の便宜をはかっていただいた。新発見の小林善九郎関係文書の調査では福知山市在住の小林三来，小林善朗，平野力，小樽商科大学高野宏康，奥

田裕樹の皆さんにお世話になった。

　台湾では，国立台湾師範大学地理学系沈淑敏教授，同大学張瑞津名誉教授，彰化師範大学楊貴三名誉教授には地震災害について討論するとともに，文献と空中写真の利用に便宜をはかっていただいた。大漢工科大学許華杞名誉教授，元経済部中央地質調査所林偉雄氏，修平科技大学の塩川太郎氏，台中市国立科学博物館の呉德棋氏，921地震教育園区の黄嘉慧さん，公館学習中心および邱華勲氏には現地調査に際し親切な協力と助言をいただいた。逢甲大学GISセンターの周天穎教授および黄碧慧助教授には台中市の地震被害について討論して下さりデータの提供を受けた。

　サンタバーバラ調査にあたり，立命館大学江口信清名誉教授に研究指針と現地情報，UCSB地質学教室のArthor Sylvester教授には研究状況と文献についてご教示いただいた。同教室のEdward Keller教授と大学院生Andy Rich氏には地質図情報を与えられた。同大学のDavidson図書館には地図と空中写真，記録写真類の調査と利用に親身に協力していただいた。Santa Barbara歴史博物館のMichael Redmon氏とKathleen Brewster女史には文献資料および貴重な助言をいただいた。Bruce Canon氏からも親切な協力をいただいた。

　ホークスベイ地震の調査には，マッセイ大学のMichael Roach教授，元同大学Michael Shepherd先生，EITのMichael Fowler教授，アールデコ・トラストRobert McGregor氏には地震災害と復興について有意義な議論と情報をいただいた。IGNSのKelvin BerrymanとPiller Villamor両氏には地殻変動に関する助言と空中写真の利用に便宜をはかっていただいた。ネーピア市役所都市計画局，ネーピア図書館，ヘイスティングス図書館，ホークスベイ博物館，ヘイスティングス郡役所には震災に関する資料や古地図の閲覧と利用に便宜を与えて下さった。現地在住の小川亜紀夫妻には生活上お世話になった。また，ニュージーランド研究の端緒を与えていただいた鹿児島大学森脇広名誉教授とマッセイ大学John Flenley名誉教授に感謝いたします。

　クライストチャーチの調査ではCanterbury大学高岡忠雄名誉教授とご家族，Lincoln大学のMaurice Ward，Neil Challenger，Jacky Bowringの各教授，小林広治氏Rome氏およびDennis氏のご協力をえた。また，大石恒喜，山内俊明，David Lowの各氏には地震情報を提供していただいた。

　校正段階で吉越昭久先生および京都教育大学香川貴志教授には丁寧かつ建設的な閲読と助言をいただき内容を大きく改善することができた。

　以上，お世話になった皆さんに深甚の敬意と感謝を捧げます。

　野外調査と地図化に協力いただいた鹿児島大学小林善仁氏，佛教大学木村大輔氏，佛教大学大学院日本史学専攻の大邑潤三，土田洋一，鈴木亜香音，山本望美，石原智紘，藤田裕介，安裕太郎の諸君にも感謝したい。

　活断層研究を端緒として調査を続け比較変動地形論を提唱，1995年地震の衝撃から地震災害の研究を開始し，今回の比較地震災害論を展開するに至る過程で，

藤田和夫，松田時彦，尾池和夫，岡田篤正の各先生からいただいたご指導とご厚誼を忘れることはできない。読者が読み取ってくださった歴史学的視点の重視は佛教大学歴史学部の同僚の皆さんとの討論を通しての影響である。心から謝意を表したく思う。本研究の原点である1995年地震から20年後に本書を出版する深い因縁と震災による犠牲者への哀悼の気持ちを表したい。

　以上，長い調査の過程で多くの皆さんから心温まる援助や指導をいただき，ここまで研究を続けることができた。心からの感謝を捧げます。また，調査による不在を許し励ましてくれた妻敏子と家族のみんなにもありがとうの言葉を贈りたい。

　　　2015年1月　20年目の朝に

　　　　　　　　　　　　　　　　　　　　　　　　　　　植村　善博

索引

アルファベット

CBD 150, 156, 164, 180, 185, 189, 192, 195, 197, 201, 202, 203, 223
CBD 地区 120, 151, 154, 155, 158, 159, 161, 162, 173, 183, 184, 191, 193, 194, 204
CTV ビル 177, 181, 195, 204

あ

アーキテクチュアル・コントロール 126
アールデコトラスト 143, 145, 163
アールデコ様式 142, 163
淺茂川 52, 55, 69
アフリリ湖 136
アフリリラグーン 133, 137, 145
網野 23, 24, 27, 29, 30, 31, 34, 35, 38, 41, 42, 53, 54, 57, 60, 63, 64
網野区 52, 55, 56, 58, 59, 61, 62, 65, 67, 68, 69, 70, 208
網野町 23, 24, 29, 30, 31, 34, 41, 52, 53, 55, 57, 58, 60, 63, 64, 65, 67, 68, 69, 70, 208
網野町東部耕地整理組合 58, 63, 64
網野町復興委員会 60
アルパイン断層 167, 168, 175

い

一井九平 30, 33, 41
伊地智三郎右衛門 14, 20
今村明恒 88, 89
入江侍従 87, 89, 90, 94
インナーハーバー 133, 134, 135

う

ウールストン 184, 186, 190, 191, 192
上山彌之助 57
内埔 96
内海忠司 86, 94
埋立地 9, 19, 21, 26, 54, 68, 70, 122, 130, 134, 139, 147, 148, 162, 207

え

エイボン川 171, 172, 173, 175, 179, 180, 184, 185, 191, 193, 197, 201, 202, 209
エイボンデール 184
液状化 109, 112, 122, 138, 147, 162, 172, 175, 176, 177, 178, 184, 191, 192, 193, 194, 196, 197, 201, 207, 209
エスチュアリー 173
エベット 154, 159

お

大海原重義 29
オークランド 140, 148, 182, 197
太田静男 42, 47, 48
置塩章 17
小浜 52, 54, 55, 57, 58, 59, 65, 68, 69

か

ガーデンシティ 146, 179, 205
カイアポイ 171, 172, 183, 197
カイアポイ川 197
カイラキ 197
家屋建築規則施行細則 92, 97
家屋建築制限 89, 90
嘉義地震 75, 76, 92, 97
カサ・デ・ラ・ゲラ 127
加速度 57, 107, 177
活断層 24, 100, 101, 103, 104, 107, 110, 111, 112, 115, 117, 118, 167, 168, 169, 175, 176, 178, 207
活断層法 110, 111, 112, 207
神岡庄 74, 75, 90, 96
河田源七 60, 63, 64
旱渓 103, 107, 109, 110
カンタベリー地震復興庁 194, 195
カンタベリー地震復興法 194, 196, 209
カンタベリー平原 167, 175, 177, 178, 179, 193
関東大震災 5, 19, 23, 29, 32, 49, 61, 88, 97, 208

き

キー首相 174, 194, 195, 204
義捐金 12, 13, 14, 24, 30, 31, 33, 34, 88, 89, 97, 123, 124, 137, 141
北伊豆地震 73, 76

北但馬地震 5, 6, 12, 21, 23, 29, 88
北丹後地震 23, 24, 27, 30, 34, 35, 38, 52, 69, 73
逆断層 74, 75, 83, 84, 103, 104, 112, 119, 132, 136, 147, 148, 151, 177, 207
キャンベル 141, 147
旧河道 7, 8, 9, 19, 21, 37, 180, 207
921地震 101, 110, 111, 112
921地震教育園区 111, 112
強制移転 107, 184, 199, 205, 206, 207, 209
京都府出張所 30, 31, 34, 41
距離減衰 83, 84

く

区画整理 6, 12, 14, 15, 16, 19, 20, 21, 46, 49, 50, 52, 58, 61, 62, 64, 65, 66, 67, 68, 69, 70, 91, 92, 97, 99, 208
日下辰太 86, 94
クライストチャーチ 2, 132, 167, 168, 169, 170, 171, 173, 174, 175, 176, 177, 179, 180, 181, 183, 188, 192, 193, 194, 196, 201, 205, 206, 207, 209
クライストチャーチ地震 177, 192, 194, 207, 209
クライブ 142, 150
グリンデール 169, 170

け

建築家連合 159
建築勧告委員会 117, 123, 124, 127, 128, 129, 130, 131
建築基準委員会 146
建築規制 89, 91, 92, 97, 107, 116, 129, 130, 163, 208, 209, 227
建築規則細則 90
建築審査委員会 123, 125, 129, 130

こ

コア 203
公館庄 75
高層住宅 107, 108, 109, 110, 112
耕地整理組合 5, 6, 12, 14, 19, 21, 58, 61, 63, 64, 65, 67, 69, 208
耕地整理法 6, 61, 63, 64
高度制限 202, 204
後背湿地 7, 8, 37, 68, 69, 70, 81, 83, 84, 139, 147, 148, 162, 180, 201, 207
神戸婦人同情会 58, 59, 60, 70
郷村断層 24, 30, 33, 52, 54
御下賜金 89, 90
小西川 35, 37, 38, 42, 43, 45, 46, 47
小林善九郎 46, 47, 50, 51, 69
コミュニティアート協会 117, 123, 124

コミュニティ製図室 126, 129, 130, 131
コルドン 174, 176, 182, 193

さ

災害危険地形 197
再建禁止地区 110
砂丘 52, 54, 55, 56, 61, 63, 68, 69, 81, 83, 84, 201
サザンアルプス 167, 179
佐野利器 88, 89
サンアンドレアス断層系 115
三角州 117, 118, 122, 129, 130, 133, 136, 179, 180, 184, 190, 191, 192, 197
三叉庄 75
サンタイネス山地 117, 122
サンタバーバラ 115, 116, 117, 118, 119, 123, 126, 127, 130, 142, 163, 208, 209
サンタバーバラ海峡 117, 118
サンタバーバラ地震 115, 116, 123, 130, 208
サンフランシスコ地震 115, 129

し

獅潭断層 74, 75, 77, 78, 79, 81, 83, 84
市区改正計画 97
市区計画 89, 90, 91, 97
地震救護委員会 157, 158, 162
地震研究所 21, 24, 73, 99, 169
地震断層 23, 24, 27, 30, 34, 37, 39, 48, 50, 52, 54, 55, 58, 68, 69, 73, 74, 75, 76, 77, 78, 83, 84, 91, 92, 100, 101, 102, 103, 104, 105, 106, 107, 109, 110, 112, 151, 162, 168, 169, 170, 175, 176, 177, 194, 207
地震博物館 110, 112, 202
地震保険 137, 146, 147, 148, 193, 197
指数曲線 79
自然堤防帯 179, 180, 184, 191, 192
シビックセンター 12, 15, 17, 18, 19, 20, 21, 22
島津 24, 29, 30, 41, 55, 56, 58, 59, 60, 68
清水街 75, 88, 91
市民委員会 156, 157, 162, 164
市民コントロール委員会 140, 141, 147, 162
下岡 52, 54, 55, 57, 58, 68, 69
車籠埔断層 100, 103, 104, 107, 109, 110, 111
集集地震 75, 100, 101
準断層線 75, 79, 81
殉難者追悼碑 96
衝突境界 73, 100

自力更生運動 89, 90, 93, 97, 99
人工盛土 68
震災絵画 33
震災救護事務所 88, 89, 97, 99
震災救護出張所 29, 57
震災地復興委員会 89, 90, 97, 99
震災予防評議会 88
新竹州 73, 74, 75, 77, 79, 81, 86, 87, 89, 93, 94, 95, 98
新竹－台中地震 73, 74, 84
シンディ島 133, 135, 136
陣屋町 5, 35, 48, 208

す
ステイツ通 116, 118, 120, 123, 124, 125, 126, 128, 129
スパニッシュ・コロニアル・リバイバル建築 115
スパニッシュミッション 160
スペイン風建築 115, 117, 124, 127, 129, 130, 137, 227

せ
セルウィン郡 197
全壊率 9, 19, 21, 39, 55, 56, 73, 75, 76, 77, 78, 81, 82, 83, 84, 109, 154, 162, 164
扇状地 81, 84, 91, 103, 104, 107, 117, 118, 150, 151, 162, 179, 180, 201
セントアンドリウス 184, 186, 187, 190, 191, 192

そ
ゾーニング 17, 123, 126, 130, 194, 196, 197, 205, 209, 227
詹徳坤 98, 99

た
ダーリントン 184, 197, 199, 200
大安渓 81
耐火構造 16, 20, 125, 129, 130, 142, 143, 148, 158
大甲渓 74, 81, 84, 103, 104
耐震建築 66, 73
耐震耐火構造 142, 143, 148, 158
大聖堂 179, 180, 182, 183, 188, 202, 203
台中市 89, 100, 101, 103, 104, 105, 107, 108, 109, 112
台中州 74, 75, 77, 79, 86, 88, 89, 91, 93, 94, 95
台中盆地 101, 102, 103
大肚渓 103
台湾海峡 81, 103
台湾家屋建築規制 97

台湾総督府 20, 73, 74, 76, 77, 78, 79, 80, 86, 87, 88, 89, 92
台湾都市計画令 97
タウンシップ 116, 133, 179
卓蘭 73, 75, 89, 91, 104
ダフィールド地震 167, 168, 169, 170, 177, 194
丹後商工銀行 55, 62, 65, 67
丹後震災記念館 30, 32, 33, 34, 41, 48

ち
地域リーダー 20, 67, 69, 70, 116, 127, 130, 208
チェイス女史 117
地質断面 7, 8, 38, 54, 117, 118, 181
地質法 111, 207
地表地震断層 24, 30, 34, 39, 50, 54, 73, 74, 84, 100, 101, 102, 103, 104, 105, 106, 109, 110, 112, 169, 170, 175, 194, 207
中央山脈 100
朝鮮 12, 19, 21, 63, 98
縮緬産業 29, 35, 52

て
堤間低地 54
低湿地帯 110, 146
帝都復興 19, 20, 48, 50, 208
帝都復興事業 20, 48, 208
デイリーテレグラフ 140, 142
デ・ラ・ゲラ広場 127

と
同化政策 98, 208
撓曲帯 104, 105, 112
銅鑼 75, 91, 93
道路潰地 14, 43, 44
道路拡幅 19, 21, 41, 44, 45, 47, 49, 50, 69, 70, 159, 163, 208
道路計画 14, 16, 31, 32, 34, 43, 49, 51, 69, 208
土堤構造 76, 84
都市計画法 17, 62, 110, 111
土地利用規制法 100
豊岡小学校 9, 12, 13, 14, 19, 88
豊岡町耕地整理組合 5, 12, 14, 21
豊原市 100, 101, 103, 104, 105, 112
屯子脚 74, 75, 77, 78, 79, 80, 83, 84, 89, 91, 92, 103
屯子脚断層 74, 75, 77, 78, 79, 80, 83, 84

な
内埔庄 74, 75, 91, 92, 96

中川健蔵 87
中村治作 42, 62, 67
ナルロロ川 150, 151
南進基地化 99

に

日本化 98, 99
ニューブライトン 172, 180, 184, 186, 191, 192, 194, 202

ね

ネーピア 1, 132, 133, 134, 135, 136, 137, 138, 139, 140, 141, 142, 143, 144, 145, 146, 147, 148, 149, 151, 155, 158, 162, 163, 164, 209
ネーピア港理事会 145
ネーピア再建委員会 142, 147, 148, 163
ネルソン公園 140

の

濃尾地震 77

は

バーウッド 184, 197
パーカー市長 201
パーク島 138
バートン 141, 143, 147
パーマストンノース 134, 140
梅川 107
パインビーチ 197, 200
ハグレー公園 173, 185, 194, 195
濱田恒之助 29
バラック住宅 12, 13, 29, 42, 57, 58, 59, 88

ひ

ヒースコート川 180, 186, 190
被害率 9, 21, 24, 28, 29, 73, 76, 77, 78, 79, 80, 81, 82, 83, 84, 85, 108, 140, 154, 189, 190, 191, 192
表層地質 110, 148, 191, 192
苗栗丘陵 81
平塚廣義 13, 20, 87, 88
敏感区 111
浜堤 52, 54, 55, 68, 69, 84, 117, 118, 139, 151, 197

ふ

伏在断層 178
福田川 52, 54, 58, 61, 67
廍子里 105, 106, 107
復興事業 15, 19, 20, 21, 29, 32, 34, 44, 46, 48, 50, 61, 68, 69, 70, 88, 89, 90, 91, 92, 97, 100, 122, 128, 129, 130, 132, 133, 141, 142, 147, 148, 157, 158, 163, 164, 203, 206, 208, 209
復興週間 30, 32, 34, 41, 60
ブランリー 195
ブルックランド 197, 200
ブレイクウオター港 140
プレート境界 132
フレーム 203
プレストン 201

へ

ヘイスティングス 124, 134, 149, 150, 151, 152, 154, 155, 156, 157, 158, 159, 162, 163, 164, 209
ベックスレー 184, 197
ヘレタウンガ通 152, 153, 154, 155, 158, 159, 160, 161, 163, 164
ヘレタウンガ平野 149, 150, 151

ほ

ホークスベイ地震 1, 132, 136, 141, 147, 148, 149, 151, 158, 164, 167, 209
ホークスベイ地震法 141, 158
ホークスベイトリビューン 157
ホークスベイ復興委員会 141, 147, 148, 158, 163, 164
ポートヒル 177, 179, 180, 186, 188, 190, 191, 192, 197, 201
ホフマン 123, 124, 125, 126, 127, 130, 131
ホルダネス 156, 162
本町通 35, 37, 39, 44, 45, 46, 65, 66

ま

麻園頭渓 107, 110
マリンパレード 140, 142, 143

み

峰山小学校 30, 31, 33, 41, 48, 50
峰山町 24, 28, 29, 30, 31, 32, 33, 34, 35, 36, 37, 40, 41, 42, 43, 45, 47, 48, 50, 51, 52, 58, 60, 67, 69, 70, 208
峰山町公報 48, 51
峰山町復興委員会 42

も

紅葉ケ丘 39
森元吉 58, 61, 62, 63, 67, 68, 69, 70

や

山下光太郎 57, 68, 69, 70
山田断層 24, 27

よ

横ずれ断層 74, 84, 207
吉村伊助 32, 34, 42

ら

ラグーン 8, 54, 117, 118, 122, 129, 130, 133, 136, 137, 145, 162, 180, 230
ランドマークトラスト 161, 163

り

リッカートン 177, 182, 184, 185, 191, 192
リッチモンド 184, 197
リトルトン 173, 179, 185, 188, 189, 190, 191, 192, 202
柳川 107, 109, 110
緑川 107, 109, 110
臨時復興課 31
臨時復興部 12, 14

れ

歴史的建築物条例 130
レッドクリフ 181, 185, 186, 187, 190, 192
レッドゾーン 194, 196, 197, 198, 199, 200, 201, 205, 206, 209

ろ

老鶏隆 81
ローチ 21, 153, 154, 156, 157, 158, 159, 162

わ

ワイマカリリ郡 196, 197
和平里 105, 107

著者紹介
植村善博　うえむら よしひろ

1946年　京都市生まれ
1971年　立命館大学大学院修士課程修了，自然地理学専攻
京都府立峰山，田辺，鴨沂，朱雀の各高等学校教諭を経て
1993年より佛教大学に勤務，現在，歴史学部歴史文化学科教授
博士（文学）

主な著作
『京都地図物語』，『京都地図絵巻』（共編著，古今書院　1999・2007）
『京都の地震環境』（ナカニシヤ出版　1999）
『比較変動地形論』（古今書院　2001）
『図説ニュージーランド・アメリカ比較地誌』（ナカニシヤ出版　2004）
『台風23号災害と水害環境』（海青社　2005）
『京都の治水と昭和大水害』（文理閣　2011）

書　名	環太平洋地域の地震災害と復興―比較地震災害論―
コード	ISBN978-4-7722-3170-1　C3044
発行日	2015（平成27）年8月8日　初版第1刷発行
著　者	植村善博
	Copyright ©2015 UEMURA Yoshihiro
発行者	株式会社古今書院　橋本寿資
印刷所	二美印刷株式会社
製本所	渡辺製本株式会社
発行所	古今書院
	〒101-0062　東京都千代田区神田駿河台2-10
ＷＥＢ	http://www.kokon.co.jp
電　話	03-3291-2757
ＦＡＸ	03-3233-0303
振　替	00100-8-35340
	検印省略・Printed in Japan